Art Academy

Zeichnen

# Landschaften zeichnen

Bagnall · Hille

Ravensburger Buchverlag

Umschlaggestaltung: Ekkehard Drechsel BDG
Umschlagbild: Brian Bagnall
Satz: Weishaupt, Meckenbeuren
Gesamtherstellung: Himmer, Augsburg
Printed in Germany
98 97 96 95 4 3 2 1
ISBN 3-473-48264-1

Die Deutsche Bibliothek – CIP-Einheitsaufnahme

**Landschaften zeichnen** / Bagnall; Hille. –
Ravensburg: Ravensburger Buchverl., 1995
(Art academy: Zeichnen)
ISBN 3-473-48264-1
NE: Bagnall, Ursula; Hille, Astrid

# Inhalt

# Zu diesem Buch

Immer wieder sieht man auf Treppen oder Mäuerchen Studenten sitzen, die das Zeichnen nach der Natur üben müssen. Landschaften, Bäume, Häuser, alte Straßenzüge, Kirchen und andere Sehenswürdigkeiten werden festgehalten und gehören ebenso wie das Zeichnen von Pflanzen und Menschen zum Kunststudium. Doch man muß kein Student sein, um Spaß daran zu haben, im Freien zu skizzieren und Dinge festzuhalten, die einen umgeben. Viele Menschen haben jedoch Angst vor dem Zeichnen, es ist meist mit dem Vorurteil belegt, daß dazu große Begabung und Können gehören. Den Satz „Zeichnen kann ich nicht" hört man nur allzu oft, auch von Leuten, die stolz auf ihre Kinderzeichnungen sind. Das Zeichnen kann jeder bis zu einer gewissen Fertigkeit erlernen, auch wenn man sich vielleicht ein bißchen mehr damit beschäftigen muß als mit anderen Hobbys. Zeichnen kann sehr viel Spaß machen und einem eine ganz neue Sichtweise von den Dingen geben. So können z. B. in Ferienskizzen mehr Stimmungen und Eindrücke festgehalten werden, in Landschaftszeichnungen die interessanten und typischen Aspekte eines Landes oder einer Gegend hervorgehoben werden und Details einer Landschaft betont oder einfach weggelassen werden.
Wir wollen Ihnen in diesem Buch zeigen, worauf Sie beim Landschaftszeichnen achten müssen. Wir stellen Ihnen das Material und dessen Anwendungsmöglichkeiten vor und helfen Ihnen beim Umsetzen verschiedener Motive. Einige Themenbereiche, von denen wir annehmen, daß sie für Sie interessant sein könnten, haben wir vertieft. Dazu gehören Straßenzüge und Gebäude, Landschaften mit und ohne Architektur sowie Pflanzen im Detail und ihre Wirkung als Zierelement. Darüber hinaus wollen wir Sie anregen zum Ausprobieren und Experimentieren, hauptsächlich aber wollen wir Ihnen die Freude vermitteln, die das Zeichnen in allen Bereichen machen kann.

## Brian Bagnall

Brian Bagnalls Zeichnungen und Bilder sollen Sie in diesem Buch zu eigenen Zeichnungen und künstlerischem Gestalten anregen. 1943 in Wakefield, England, geboren, studierte er Malerei und Radierung und bestand sein National Diploma mit Auszeichnung. Danach zog Brian Bagnall nach Amsterdam, wo er neben einer Lehrtätigkeit auch für zahlreiche Verlage und Werbeagenturen arbeitete. Seit 1970 lebt er in München und gründete mit seiner Frau „Bagnall Studios", hier entstehen die verschiedensten freien und angewandten künstlerischen Arbeiten. Nebenbei war er mehrere Jahre in Darmstadt als Dozent tätig. Es sind zahlreiche Bücher von ihm erschienen, seine Arbeiten waren in verschiedenen europäischen Ländern und in Korea ausgestellt.

## Ursula Bagnall

Als Partnerin von Brian Bagnall, der die Reihe „ Art Academy" als Art Director betreut, hat sie hier Layout und Text übernommen, um die gemeinsam erarbeiteten Informationen möglichst anschaulich wiederzugeben. 1945 geboren, machte sie ihre Ausbildung für Grafikdesign an der Akademie für das grafische Gewerbe in München. Danach arbeitete sie für die Olympiade 1972 bei Otl Aicher und übernahm später für fünf Jahre eine Lehrtätigkeit an einer amerikanischen Schule in Amsterdam. Neben freier Mitarbeit für das Bayerische Fernehen arbeitet sie seit 1973 freiberuflich als Grafikerin und Autorin. Gemeinsam mit ihrem Mann entwickelte sie zahlreiche Bücher, unter anderem auch Malschulen für Kinder und Erwachsene.

## Astrid Hille

Astrid Hille ist Herausgeberin der Reihe „Art Academy" und arbeitet dabei eng mit „Bagnall Studios" zusammen.
1955 in Hamburg geboren, studierte sie nach einer Ausbildung als Technische Zeichnerin an der Fachhochschule für Kunst und Gestaltung in Hamburg Illustration und Malerei. Danach arbeitete sie als Illustratorin, Malerin und Kunstlehrerin in der Erwachsenenbildung. Nach einem Zweitstudium der Medien- und Theaterpädagogik ist sie seit 1985 als Lektorin für Kunst- und Kinderbücher tätig.

# Zeichnen heute

Die Zeichnung ist, auch wenn sie nicht immer als das zu erkennen ist, was man im Allgemeinen darunter versteht, aus unserem täglichen Leben nicht mehr wegzudenken. Was, z. B., sind Verkehrszeichen anderes als vereinfachte Zeichnungen? Wir sind umgeben von Hinweisschildern und Symbolen, wir finden Zeichnungen in der Werbung, auf Briefmarken und T-Shirts, in Büchern und in Zeitungen.

In der heutigen Zeit der schnellen Kommunikation ist diese Art der Verständigung wichtig geworden, denn wir bekommen und bearbeiten Informationen aus der ganzen Welt, auch aus Ländern, deren Sprache nicht jeder versteht. Denken Sie nur an einen Flugplatz, auf dem sich jeder zurechtfinden finden muß, egal, welche Sprache er spricht.

Und womit verständigen wir uns? Mit nichts anderem als mit Zeichnungen, mit gezeichneten Hinweisen, seien es Pfeile für Richtungsangaben oder Messer und Gabel für „Restaurant". Wir sind so an diese Zeichen gewöhnt, daß sie uns kaum noch als etwas Besonderes auffallen.

Seltener werden wir mit künstlerischen Zeichnungen wie Vorskizzen zu Bildern, Entwürfen und gezeichneter Kunst konfrontiert. Man muß sich schon speziell dafür interessieren oder selbst Ambitionen in dieser Richtung haben, um damit in Berührung zu kommen.

Gezeichnet wird jedoch nicht nur in der freien Kunst, sondern auch in der sogenannten angewandten: Mode oder Autos werden zuerst skizziert, Bühnenbilder entstehen als Entwurf auf dem Papier, ja sogar der Fotograf in der Werbung muß sich nach gezeichneten Skizzen richten.

Landschaften waren von jeher beliebte Zeichenmotive. Stimmungen, interessante Ausblicke, Pflanzen, Gebäude waren und sind Themen vieler Maler, die meist zuerst zeichnen und skizzieren, bevor sie dann an die Ausarbeitung ihrer Bilder gehen. Auch Landschaftsarchitekten zeichnen ihre Vorstellungen, und den Gärtnern helfen diese Skizzen, um die Ideen zu verwirklichen.

Wir alle lernen in der Schule zeichnen, was uns aber oft durch Benotung, durch das, was angeblich falsch oder richtig ist, ziemlich verleidet wird. Dabei sind wir auch da von Zeichnungen umgeben, die uns weiterhelfen sollen. Viele Erklärungen in Schulbüchern werden erst durch Zeichnungen deutlich, trockener Unterrichtsstoff dadurch lebendiger gestaltet.

Zweifellos beliebter als noch so gut gezeichnete Schulbücher sind bei den Schülern comic strips. In den teilweise durchaus kunstvoll und aufwendig gezeichneten Bildergeschichten werden Abenteuer erzählt, aber auch erzieherische Aspekte und Ziele spielerisch vermittelt.

Die Zeichnung ist also in nahezu jeden Lebensbereich vorgedrungen, als Hilfsmittel, als Information, als Kunstform und als Verständigungsmöglichkeit. Als Hobby soll sie Ihnen Spaß machen, eine Bereicherung des täglichen Lebens ist sie auf jeden Fall.

# Landschaften zeichnen – gestern und heute

Wir können die Zeichnung als Grundlage aller künstlerischen Techniken betrachten. Schon in den Höhlenzeichnungen der Steinzeitmenschen sind ihre Anfänge zu finden, und im Laufe der Jahrhunderte – nachdem die Zeichnung lange nur für Musterbücher oder Vorstudien Verwendung fand, – konnte sie sich als eigenständige Kunstform etablieren.

Ähnlich wie die Zeichnung als Technik gewannen Landschaftsmotive als eigenständige Themen in der Bildgestaltung erst im Laufe der Jahrhunderte an Bedeutung.

Die Natur war in der Antike ein beliebtes Thema, weil in dieser Zeit das Interesse an der Natur erwachte und dieses neue Empfinden somit auch auf zahlreichen Mosaiken abgebildet wurde. In der Kunst der Griechen oder der Ägypter hingegen war die Natur oder die Landschaft meist auf symbolische Formen und auf die Darstellung bestimmter Bildelemente reduziert.

Im Mittelalter war die Landschaftsdarstellung ebenfalls an bestimmte Regeln und normative Strukturen gebunden und bildete in der Regel den Hintergrund für die meist religiös ausgerichteten Bildthemen.

Mit dem Beginn der Renaissance in Italien entstand in der Kunst nicht nur ein neues, umfassenderes Interesse am Menschen, sondern auch an der Natur im allgemeinen. Ziel war es hierbei, die Menschen unter Einbeziehung der Perspektive in den genau berechneten Raum einzugliedern oder die geometrisch erfaßte Landschaft abzubilden. Gleichzeitig wuchs das Interesse an der Entstehung eines Bildes und damit der Stellenwert der Zeichnung als Grundlage. Auch nördlich der Alpen, so z. B. im Werk von Albrecht Dürer (1471 – 1521), entstanden gegen Ende des 15. Jahrhunderts Skizzenbücher, die sich mit Pflanzen und Landschaftsansichten auseinandersetzten. Die Landschaft befreite sich damit aus ihrer „Kulissenfunktion", und in sogenannten Landschaftsporträts konnten die jeweiligen Ansichten wiedererkannt werden.

Im 16. Jahrhundert ging es der sogenannten Donauschule, einer Gruppe von Künstlern um Albrecht Altdorfer (1480 – 1538), vor allem um die Darstellung der Landschaft um ihrer selbst willen. Sie steigerten die Zeichenkunst im Bereich der Landschaftsdarstellung und versuchten hier besonders, die jeweiligen Stimmungen wiederzugeben. In dieser Zeit erhält die Zeichnung und die Landschaftsdarstellung einen eigenständigen Stellenwert.

Im Zeitalter des Barock waren es die holländischen und flämischen Maler, die sich der Landschaftsmalerei zuwandten. Die Künstler versuchten – auch in der Zeichnung – aus dem Zusammenspiel der Linien und Flächen ein Ganzes zu entwerfen, die Bewegung der Landschaft und die Wirkung von Architektur miteinander zu verbinden. Rembrandt

Rembrandt,
Bauernhütten unter Bäumen

Albrecht Altdorfer,
Donaulandschaft bei Sarnigstein

(1606 – 1696) und Peter Paul Rubens (1577 – 1640) setzten hier neue Maßstäbe.
In Frankreich waren es im 17. Jahrhundert Claude Lorrain (1600 – 1682) und Nicolas Poussin (1533 – 1665), die einen neuen Typus der Landschaftsdarstellung entwickelten – die ideale, heroische Landschaft. Lorrain bezog die Wirkung des Lichts, die Atmosphäre mit in seine teils lyrisch anmutenden Bilder ein und arbeitete, ebenso wie Poussin, mit biblischen oder mythologischen Szenen.
Im 18. Jahrhundert waren die englischen Maler führend und setzten um die Wende zum 19. Jahrhundert neue Höhepunkte. Hier ist vor allem John Constable (1776 – 1837) zu nennen.
In der deutschen Romantik des 19. Jahrhunderts entstanden im Rückgriff auf die Tradition erneut heroische Landschaften. Der bedrohliche, monumentale Charakter oder der erhabene Eindruck der Natur spielten zusätzlich eine große Rolle. Für Maler wie Caspar David Friedrich (1774 – 1840) stand die Konfrontation des Menschen mit der Natur im Mittelpunkt.
Im Impressionismus am Ende des 19. Jahrhunderts wandten sich die Künstler immer mehr der Freilichtmalerei zu. Im Bereich der Zeichnung arbeiteten Künstler wie Claude Monet (1840 – 1926) häufig mit Pastellkreide. Die Möglichkeiten, das Schimmern, Flimmern, die Lichtwirkungen und das Schattenspiel, die Stimmung und Atmosphäre des Moments einzufangen, verbanden sich mit den technischen Mitteln.
Die Kunst des 20. Jahrhunderts ist durch Abstraktion, neue Vielfalt der Ausdrucksmöglichkeiten und einer breiten Interpretationsebene geprägt. Mit der Kunst Paul Cézannes (1839 –1906) wird die Moderne eingeleitet. In seinen Landschaftsdarstellungen geht es ihm weniger um Stimmungen, als um die eigentlichen Bestandteile und Strukturen der Natur, die er durch die Betonung von Linie und Fläche herausarbeitet.
Im weiteren 20. Jahrhundert versuchen die Expressionisten, wie z. B. Ernst Ludwig Kirchner (1880 – 1938) oder Emil Nolde (1867 – 1956), die Landschaft als Spiegelbild für Stimmungen, Atmosphäre und Seelenzustände symbolisch einzusetzen.
Für Maler der Moderne, wie z. B. Pablo Picasso (1881 – 1973) oder Paul Klee (1879 – 1940), ist die Landschaftsdarstellung Ausgangspunkt ihrer persönliche Bildsprache und individuellen Zeichensysteme.

Ludwig Kirchner,
Landschaft mit Heuhütte

Claude Monet,
Waterloo Brücke

Paul Cézanne,
Felsiger Hang mit Bäumen

# Das Material

Zeichnen kann man mit fast allem, was man an Schreibutensilien zu Hause hat – nehmen Sie z. B. Füller, Kugelschreiber oder Bleistifte, schon damit kann man wunderbar skizzieren. Die Anschaffungen für dieses Hobby sind also nicht sehr aufwendig.
Ich möchte Ihnen hier das mögliche Material vorstellen – womit Sie dann am liebsten arbeiten, können Sie selbst entscheiden. Probieren Sie einfach alles aus, was Ihnen Spaß macht.

## Bleistifte und Farbstifte

Bleistifte sind in großer Auswahl auf dem Markt, sie lassen sich in zwei Kategorien einteilen: in harte und weiche Stifte. Deren Vor- und Nachteile sind auf den nächsten Seiten beschrieben, hier nur einige technische Details.

Am häufigsten werden die Stifte mit dem Holzmantel und Fallminenstifte, auch Minenklemmstifte genannt, verwendet, bei denen die eingesetzte Mine durch Druck nach unten fällt und festgeklemmt wird. Die Länge der Mine kann man selbst bestimmen, was sich bei manchen Arbeiten als vorteilhaft erweist.
Für die Bleistifte benötigen Sie natürlich auch einen Spitzer. Für die Klemmstifte sind spezielle Minenspitzer erhältlich. Die Minen lassen sich aber auch einfach mit Sandpapier in Form bringen, wofür es Schmirgelblöcke gibt, bei denen feines und rauhes Sandpapier auf einem Holzbrettchen befestigt ist. Die handelsüblichen Härtegrade der Bleistifte und Minen teilen sich folgendermaßen auf:
sehr weiche, tiefschwarze Striche: 3B, 4B, 5B 6B;
mittelweich, schwarz: 2B, B, HB, F;
hart und sehr hart: H, 2H, 3H, 4H, 5H, 6H;
extrem hart: 7H und 8H.

Wahrscheinlich werden Sie auch manchmal einen Radiergummi brauchen.
Weiche Plastikradierer eignen sich besser als die harten Universalradierer, die das Papier zu sehr aufrauhen (man kann damit sogar Tinte ausradieren). Für Kohlezeichnungen ist Knetgummi das Beste, da man die Kohlereste damit leicht abtupfen kann, also nicht wie beim Radiergummi reiben muß. Das würde die Kohle zu sehr verschmieren und häßliche Flecken hinterlassen.
Nun zu den Farbstiften. Es gibt sie in unterschiedlicher Qualität, wobei die Härtegrade dabei keine große Rolle spielen. Das wichtigste Merkmal liegt hier in der Verwendbarkeit: Man unterscheidet zwischen wasserfesten und wasserlöslichen Stiften. Auch für Klemmstifte sind Farbminen erhältlich, jedoch nur in geringer Auswahl, und daher kann ich sie für das freie Zeichnen nicht empfehlen.
Farbstiftkästen mit einer fertig zusammengestellten Auswahl sind mit 12 bis 72 Farben im Fachhandel erhältlich.
Sie können sich aber auch Ihre Farben selbst zusammenstellen und die Stifte einzeln kaufen oder sich für eine Kombination aus beidem entscheiden.

### Filz- und Faserstifte

Auch Filz- und Faserstifte sind in wasserfester und wasserlöslicher Ausführung erhältlich. Da die Spitzen im Strich nicht sehr variabel sind, muß man sich schon beim Kauf für bestimmte Strichstärken entscheiden. Es stehen, wie bei den Farbstiften, Kästen mit einer großen Farbauswahl zur Verfügung. Wichtig ist die Qualität, da es viele Stifte für Kinder gibt, die anderen Kriterien gerecht werden als Stifte für den professionellen Gebrauch. Greifen Sie also lieber zu qualitativ hochwertigen Stiften, im Zweifelsfall können Sie sich im Fachgeschäft beraten lassen.

### Kohle und Kreide

Ein sehr beliebtes Zeichenmittel ist die Kohle. Sie können sich zwischen der natürlichen Kohle und der künstlichen Reißkohle im Holzmantel entscheiden. Bei beiden sind drei bis vier verschiedene Härtegrade erhältlich.
Zum gezielten Verwischen der Kohlestriche kann man einen sogenannten Papierwischer einsetzen, das ist ein an beiden Enden angespitzter Stift aus gerolltem Papier.
Bei Pastell-, Öl- und Wachskreiden (deren Eigenschaften werden auf Seite 14/15 beschrieben) haben Sie wieder die Wahl zwischen Kästen oder einzelnen Kreiden. Empfehlenswert ist eine Grundausstattung im Kasten, die man dann beliebig mit Einzelstücken erweitern kann.
Für Kohle- und Pastellkreidezeichnungen brauchen Sie Fixativ, das es in Flaschen oder Dosen als Spray zu kaufen gibt.

### Federn, Tusche und andere Materialien

In jedem Schreibwarengeschäft bekommen Sie Zeichenfedern mit passenden Haltern. Die Federn haben verschiedene Härtegrade und damit eine unterschiedliche Biegsamkeit. Praktisch zum Zeichnen unterwegs sind Tuschefüller, die mit einer Tuschepatrone gefüllt werden. Die Tusche selbst gibt es in Schwarz und in vielen verschiedenen Farben. Besonders geeignet sind speziell zum Zeichnen entwickelte Künstlertuschen, die wie Aquarellfarben verwendet werden können.
Wenn Sie mit Pinsel und Tusche zeichnen möchten, sollten Sie darauf achten, daß Sie den Pinsel nach Gebrauch immer gründlich auswaschen, denn eingetrocknete Tusche ruiniert die Pinselhaare.
Manchmal werden Sie auch einen Lappen zum Abwischen oder Löschpapier brauchen, vielleicht auch ein Lineal, um irgendwo eine Hilfslinie zu ziehen, oder eine Rasierklinge, um etwas abzukratzen.

# Striche, Linien und Strukturen

Jeder Zeichner hat eine ganz persönliche Art, an eine Zeichnung heranzugehen. Häufig lasssen sich schon in einer einfachen Linie die unterschiedlichen Temperamente von Menschen erkennen. Der eine zieht einen kräftigen Strich, der andere drückt kaum auf, einer hält den Stift fast senkrecht, ein anderer eher flach. Und auf all diese „Behandlungen" reagieren Bleistift, Kreide, Feder und Pinsel sofort. Es entstehen sensible und starre, weiche und harte Linien, aggressive und zarte Striche, lebendige und monotone. Unabhängig von ihrem Härtegrad reagieren Stifte auf jeden Druck und jede Bewegung der Hand, und nicht zuletzt deshalb spricht man bei einem Zeichner häufig von seinem „persönlichen Strich". Natürlich spielen auch die unterschiedlichen Eigenheiten des Materials eine Rolle. Die Linien von harten Stiften verändern sich z. B. weniger deutlich als die von weichen. Dafür lassen sich damit sehr exakte Linien ziehen und feine Strukturen sowie Schraffuren erarbeiten.

Probieren Sie doch einmal verschiedene Stifte oder Kreiden aus. Denken Sie dabei nicht über das Motiv nach, sondern lassen Sie die Hand ganz locker über das Papier gleiten, der Stift bewegt sich wie von selbst. Drehen Sie die Hand aus dem Handgelenk heraus, oder bewegen Sie nur den Stift, drücken Sie einmal stärker und einmal weniger stark auf. Striche und Linien werden zu einer gezeichneten Melodie, sie sind nicht starr, sondern bewegt und lebendig.

Selbstverständlich ergeben gespitzte Minen andere Linien und Striche als stumpfe oder leicht abgenutzte. Die Drehung der Hand verändert die Breite der Linien, der Druck die Dichte der Farbe. Drückt man nur leicht auf, scheint die Papierstruktur hindurch, und der Strich wirkt rauher, bei festem Druck überdeckt die Farbe den Untergrund.

Auch die Art, wie man einen Stift hält, spielt eine Rolle. Die geläufigste Form der Handhaltung: Man nimmt den Stift zwischen Daumen und Zeigefinger und hält ihn in einem verhältnismäßig steilen Winkel zum Papier. Je steiler der Winkel ist, um so dünner wird der Strich.
Hält man den Stift ganz flach zum Papier, wird der Strich breiter und franst an der Innenseite etwas aus. Abgesehen von breiten Strichen lassen sich damit auch gut Schraffuren gestalten oder Flächen anlegen.
Bei Kreiden und Kohle ist das Prinzip das gleiche, doch hat man noch eine weitere Möglichkeit, nämlich das Benutzen der breiten Seite. Man bricht ein Stück in der gewünschten Breite ab und kann nun beliebig breite Striche oder ganze Flächen anlegen.

*Vergleichen Sie die Stricharten miteinander. Links unten flach und steil gehaltene Kreiden, bei den Gebäuden und den Gräsern verschieden starke Tuschelinien. In der Fläche neben dem Baum schimmert die Holzstruktur der Unterlage durch. Verwaschenen, dünnen und dicken Filzstift finden Sie in der Baumstruktur, Kreiden in den Blättern. Bei der Wiese vermischen sich Tuschen und Filzstifte – probieren Sie es selbst einmal aus!*

*An Gras und Baum können Sie die variationsreichen Möglichkeiten eines sehr weichen Bleistifts studieren.*

# Bleistifte und Farbstifte, Filz- und Faserstifte

Jede Technik hat ihren eigenen Reiz, und man sollte möglichst viel ausprobieren, um mit den einzelnen Materialien vertraut zu werden. Bleistifte und Farbstifte kennen Sie vom täglichen Gebrauch, doch ist Ihnen schon ihre Vielseitigkeit bewußt geworden? Wie auf Seite 8 erwähnt, gibt es bei Bleistiften verschiedene Härtegrade, und jeder dieser Härtegrade eignet sich zu anderen Darstellungsarten. Harte Stifte zeichnen präzise und geben dem Druck der Hand weniger nach, sind also nicht so variabel wie weiche Stifte, mit denen sich nuancenreicher spielen läßt. Je weicher ein Stift ist, desto dunkler und schwärzer wird sein Strich. Wenn man lebendige Flächen möchte, mischt man die verschiedenen Stricharten miteinander.

Farbstifte sind nicht eindeutig mit „hart" und „weich" gekennzeichnet, dafür gibt es sie jedoch in wasserfester und wasserlöslicher Form. Letztere lassen sich mit Pinsel und Wasser ineinander vermalen, wodurch ein aquarellartiger Effekt entsteht. Mit wasserfesten Farbstiften erzielt man durch Übereinanderzeichnen Mischtöne und Farbnuancen. Auch wenn Sie theoretisch auf jedem Papier zeichnen können, spielt die Art des Papiers doch eine Rolle, da die Struktur des Papiers die Wirkung der Zeichnung beeinflußt.

Filz- und Faserstifte wurden in den sechziger Jahren in Japan und Amerika entwickelt. Sie werden in erster Linie für Entwürfe in der Werbung benutzt, bei denen es nicht auf die „Haltbarkeit" ankommt; die meisten Stifte sind nämlich nicht lichtecht. Hängt man ein solches Bild in helles Licht, verbleichen die Farben bereits nach wenigen Tagen. Trotzdem ist es

*Vergleichen Sie die breiten Bleistiftlinien (oben) mit den Filzstiftlinien (links). Ganz links Farbstiftschraffuren, die im unteren Bereich mit Wasser vermalt wurden.*

eine interessante und vielseitige Technik. Es gibt wie bei den Farbstiften wasserlösliche und wasserfeste Stifte in allen Breiten und Stärken, ja, sie sind sogar in Pinselform oder leicht angeschrägt, ähnlich wie eine Schreibfeder, erhältlich. Die Auswahl an Farben ist enorm. Die wasserlöslichen Stifte lassen sich mit Wasser vermalen, was die künstlerischen Möglichkeiten erweitert. Das Papier ist hier sehr wichtig, da die Farben auf faserigem Papier zerfließen, auf hartem dagegen steht die Linie, braucht aber etwas Zeit zum Trocknen.

*Der Verlauf ganz oben links wurde mit weichem Bleistift schraffiert, der daneben entstand durch wiederholtes Wischen über eine Papierkante.*
*Durch Schablonen gerieben wurden die Farbstifte links unten, die Punktestruktur entstand mit weichen Farbstiften darüber.*
*Die Linien und Kreuzschaffuren zeigen verschiedene Anwendungsmöglichkeiten von dicken und dünnen Filzstiften.*

# Kohle und Kreiden

Die Kohle gehört zu den ältesten Zeichenmitteln und wird in erster Linie zum Skizzieren benutzt. Da die Kohle auf dem Papier nur sehr schlecht haftet, verwischen und verschmieren die Zeichnungen sehr leicht. Trotzdem ist der Strich der Kohle vielseitig, gewolltes Verwischen und Radieren kann reizvolle Effekte ergeben. Kohle gibt es nur in Schwarz, Kreiden dagegen werden in vielen Farben und verschiedenen Ausführungen angeboten. Ich raten Ihnen, am Anfang einige unterschiedliche Sorten anzuschaffen, um die Technik erst einmal kennenzulernen. Man unterscheidet Pastellkreiden, Ölpastellkreiden und Wachskreiden. Pastellkreiden sind am empfindlichsten, dafür aber leicht zu vermalen, da sie nur aus Erden und pulverisierten Pigmenten bestehen, die mit Bindemittel festgehalten werden. Ein Bild in Pastellkreiden muß während des Malprozesses oder nach der Fertigstellung fixiert werden, da es sonst unweigerlich verschmiert. Pastellkreiden sind als weiche und als harte Pastellkreiden erhältlich, die harten lassen sich jedoch schwerer verreiben und mischen. Ähnliche Eigenschaften haben Pastellstifte.
Bei Öl- und Wachskreiden werden die Pigmente mit Öl oder Wachs vermischt. Sie sind nicht so leicht aufzutragen – wobei Öl schmiegsamer ist als Wachs –, lassen sich aber gut miteinander verreiben und sind insgesamt weniger empfindlich als Pastellkreiden. Man kann mehrere Schichten auftragen, hineinkratzen, abschaben- ein Spaß also für jeden, der gern experimentiert.

*Ganz oben sehen Sie Strichvariationen mit Kohle, darunter links dicke, daneben feine Striche mit Pastellkreide.*

Das Papier ist, besonders bei den Pastellkreiden, sehr wichtig. Auf glattem Papier werden die Striche deckend und lassen sich zu gleichmäßigen Flächen verreiben. Auf rauhem Papier dagegen bleiben die Farben nur auf den höherstehenden Teilen haften, und somit ergibt die Papierstruktur schon eine Art Muster. Auch beim Verreiben erreicht die Farbe nicht unbedingt alle Tiefen des Papiers. Probieren Sie also zuerst auf kleinen Papierresten – auch Packpapier oder Tüten – die Wirkung der Kreiden aus.

*Auf schwarzem Papier leuchten viele Farben stärker, und es ergeben sich durch das Durchschimmern des Untergrunds neue Farbnuancen. Vielleicht regen Sie diese Übungen, in denen verwischt und übereinandergemalt wurde, zum Ausprobieren an.*

## Fixativ

Kohle- und Pastellkreidezeichnungen müssen fixiert werden, da sie leicht verwischen können. Das Fixativ dazu gibt es entweder als Spraydose oder in der Flasche mit dazugehörendem Zerstäuber, der aus einem zusammenklappbaren Röhrchen besteht. Den längeren Teil dieses Röhrchens stellt man in die Fixierflüssigkeit und bläst durch den kürzeren das Fixativ auf das Papier. Das sollte man allerdings vorher üben, damit keine Tropfen auf die Zeichnung fallen. Vorsicht auch beim Spray, zuviel Flüssigkeit läßt die Zeichnung zerlaufen. Beide Methoden, Spray und Zerstäuber, legen einen schützenden Film über die Zeichnung, den man trocknen lassen muß. Fixieren Sie nach Möglichkeit nicht im geschlossenen Raum, oder öffnen Sie zumindest das Fenster dabei.

# Feder, Pinsel und Tusche

Eine klassische Technik des Zeichnens ist die Federzeichnung mit ihren vielseitigen Möglichkeiten. Probieren Sie diese zunächst einfach auf Papierresten aus, damit Sie die unterschiedlichen Reaktionen von Feder, Tusche und Papier kennenlernen. Metallfedern, die in einen Federhalter gesteckt werden, kann man in verschiedenen Breiten und Größen kaufen. Gut arbeiten läßt sich auch mit Federn, die fest mit dem Halter verbunden sind und mit Tuschepatronen gefüllt werden. Sehr eigenwillige Ergebnisse erzielt man mit der Rohrfeder, die aus einem angespitzten Stück Bambus besteht. Die klassische Tusche

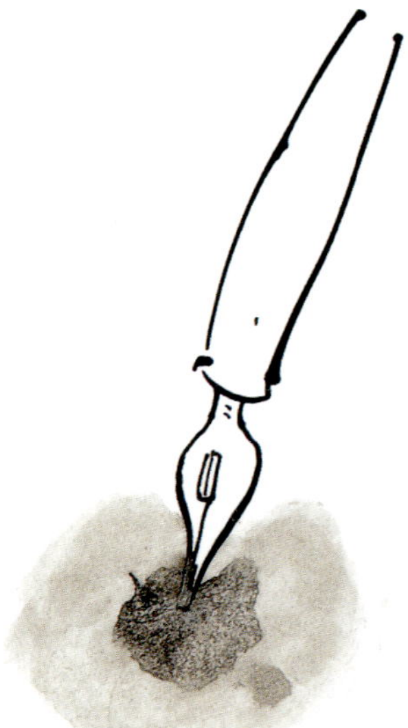

*Zur Anregung hier ein paar Tuscheübungen. Unten einige Variationen mit verschiedenen Federstrichen und Schraffuren. Zeichnet man auf feuchtes Papier, zerläuft die Tusche. Das kann man sehr effektvoll einsetzen, wie Sie ganz unten sehen.*

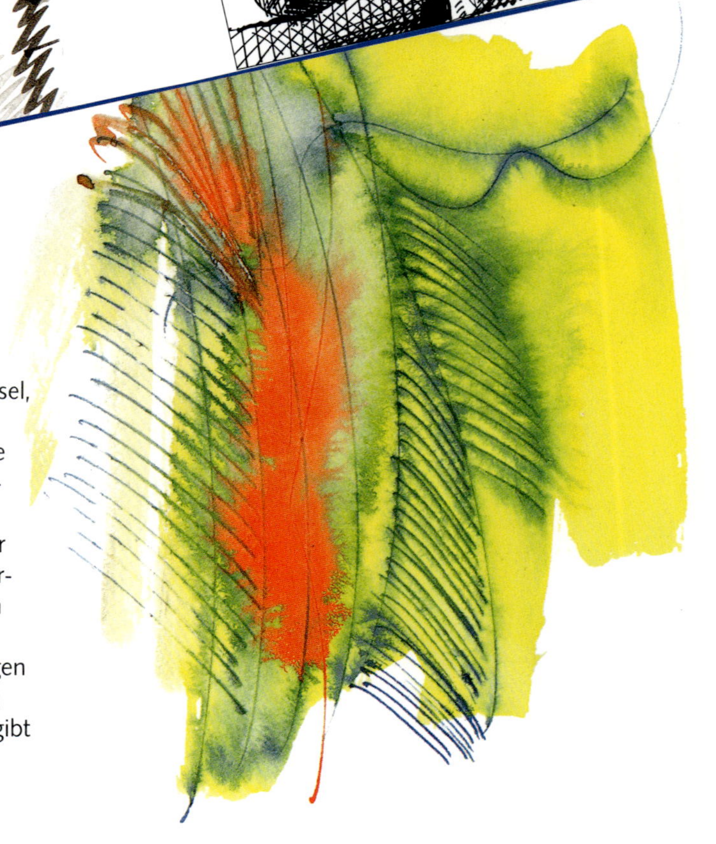

dazu ist schwarze Chinatusche, die es flüssig oder in fester Form mit Tuschestein zum Abreiben gibt. Ich verdünne die Tusche gerne während des Zeichnens, indem ich die Feder kurz in Wasser tauche. Zeichnen läßt sich auch mit dem Pinsel, und weil die weiche Spitze jedem Druck nachgibt, ist der Strich besonders variationsreich. Wichtig ist deshalb, daß die Pinsel eine gute Spitze haben (z. B. Marderhaar- oder Japanpinsel), die sich nach jedem Strich wieder aufrichtet.
Mit Federn und Pinseln entstehen lebendige Linien, die aber selten gleichmäßig werden. Für technische Zeichnungen wurden daher Tuschezeichner (Rapidograph) entwickelt, die ein nachfüllbares Tuschereservoir besitzen und gleichmäßige Linien ziehen, also weniger auf den Druck oder die Drehungen der Hand reagieren. Der Tuschezeichner hat sich inzwischen auch beim freien Zeichnen und Skizzieren durchgesetzt. Es gibt ihn in vielen Strichstärken, und da man ja den Tuschevorrat gleich dabeihat und das Ganze außerdem verschließbar ist, kann man ihn sehr gut für die Arbeit im Freien verwenden.

*Vergleichen Sie die weichen Pinselstriche in der Pflanzenstudie mit den harten der Breitbandfeder darunter. Der Baum wurde mit einem Schwämmchen getupft und der Stamm mit dem Pinsel dazugesetzt. Leicht angetrocknet war der Pinsel für die Wellenlinien rechts.*

**Ein Tip:**
Um schöne, klare Linien zu erhalten, muß man den Rapidographen beim Zeichnen sehr steil halten, denn nur so kann die Tusche gleichmäßig herauslaufen. Möchte man etwas mehr Lebendigkeit in die Linie bringen, kann man den Tuschezeichner zwischendurch kurz in Wasser tauchen.

# Einfach anfangen

Natürlich müssen Sie sich zuallererst ein Motiv suchen und entscheiden, in welcher Technik Sie arbeiten wollen. Auch wenn Ihnen dabei leider keiner helfen kann, so gibt es doch zum Anfangen selbst ein paar Tips.
Der erste: Versuchen Sie, das Motiv auf die wichtigsten Dinge zu reduzieren und zu vereinfachen, denken Sie sich unwichtige Details einfach weg. Nehmen wir als Beispiel die Felsen links, hinter denen Häuser zu sehen sind. Mich haben daran die Felsstrukturen und die extremen Größenunterschiede von Steinen und Häusern gereizt. Ich reduziere das gesamte Bild zuerst auf ganz einfache Formen, um mir über die Komposition und die Bildtiefe klar zu werden.

Um die für mich richtige Komposition zu finden, mache ich verschiedene Bleistiftskizzen, bei denen ich meinen Standpunkt wechsle. Die beste dient dann als Vorlage für die Ausarbeitung, wobei ich mich natürlich auch da nicht stur an die Vorgabe halte, sondern der Technik einen gewissen Spielraum lasse. Der Felsen mit seinen harten Schatten und intensiven Strukturen schien mir für eine Federzeichnung gut geeignet. Ich habe die feineren Linien mit der Spitze der Zeichenfeder gezogen. Die breiten Linien entstanden dadurch, daß ich den Federrücken flach und mit schneller Bewegung über das Blatt gezogen habe.

Eine wichtige Rolle beim Zeichnen von Landschaften spielt der Himmel. Man sollte sich genau überlegen, welche Bedeutung man ihm in einer Komposition geben möchte. Ist er wolkenlos, kann man ihn einfach als Hintergrund belassen, sind jedoch Wolken vorhanden, die ein wichtiger Bestandteil der Landschaft sein können, sollte man sie auch bewußt in die Komposition einbeziehen. Beobachten Sie die Wolken genau, bevor Sie sie zeichnen. Fast immer ist der untere Teil einer Wolke dunkler als der obere und bietet somit eine gute Möglichkeit, die Plastizität herauszuarbeiten. Auch bei einer linearen Darstellung wirkt eine Wolke voller, wenn der untere Strich dicker, schwärzer oder mit Schraffuren gezeichnet wird.

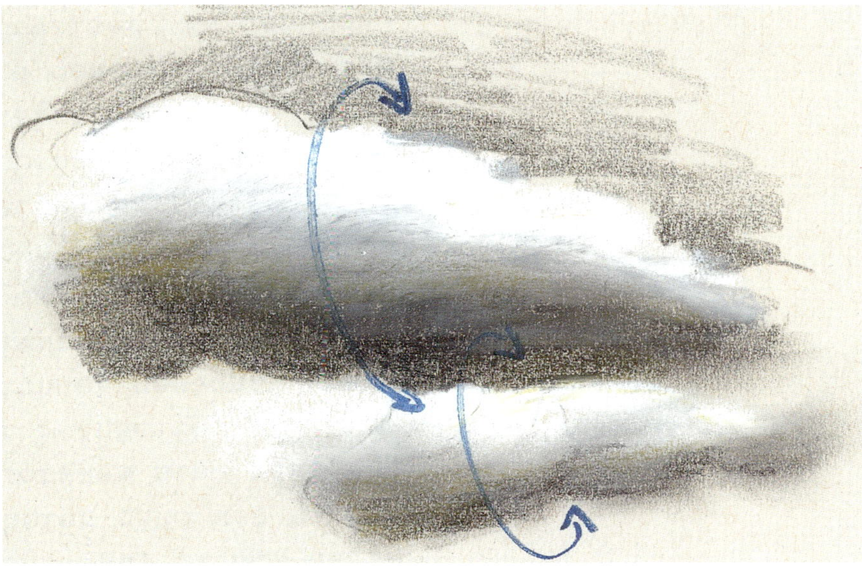

Die Landschaft selbst ist bei dem Foto oben nicht so ausdrucksstark, interessant wird sie durch die Wolkenformation des Himmels. Die Aufteilung – wenig Land, viel Himmel – ist notwendig, um das Gewicht der Darstellung auf den Himmel zu legen. Ich habe auf grün getöntem Papier gearbeitet, um dem Licht eine stärkere Wirkung zukommen zu lassen, das ich gezielt mit Weiß in die Wolken und den Baum gesetzt habe. Auch das Stück blauer Himmel, das ich mit Kreide hineingezeichnet habe, steht wirkungsvoller auf dunklem als auf hellem Untergrund. Beobachten Sie einmal in Ruhe einen bewölkten Himmel, und versuchen Sie, mit schnellen, einfachen Strichen die verschiedenen Wolkenformationen festzuhalten (siehe auch Seite 46).

# Tiefe durch Licht und Schatten

Licht und Schatten sind notwendig, um etwas plastisch darzustellen. Erst durch den Schatten wird die Form des Objekts erkennbar. Sie sehen das an dem vereinfachten Baum links. Wird er nur mit einer Linie gezeichnet, erfahren wir wenig über ihn, lediglich seine Umrißform steht fest. Setzt man jedoch Schatten hinzu, bekommt die Baumkrone plötzlich Plastizität. Der Schatten am Boden zeigt, wie der Baum steht und aus welcher Richtung das Licht kommt. Den Schatten am Objekt selbst nennt man Eigen- oder Körperschatten, den Schatten, den der Baum auf den Untergrund wirft, Schlagschatten. Die Form des Schlagschattens ändert sich mit dem Stand des Lichts. Je höher

das Licht steht, um so kürzer wird dieser Schatten. Denken Sie nur an die hochstehende Mittagssonne im Sommer, bei der die Schatten oft kaum zu sehen sind. Der Schlagschatten ist in der Regel dunkler als der Eigenschatten.
Ebenso wie eine Form erst durch den Schatten plastisch wirkt, bekommt eine

Landschaft durch Tonwerte ihre Tiefe. Natürlich trägt auch die perspektivische Zeichnung dazu bei, doch nicht immer sind in der Natur Formen erkennbar, die sich perspektivisch zeichnen lassen.

Objekte, die Sie in der Ferne sehen, wirken nicht nur kleiner, sondern auch verschwommener, grauer und dadurch heller als die in Ihrer Nähe. Dieses Phänomen entsteht durch die Luftschichten, die zwischen Betrachter und Objekt liegen. Deshalb erscheinen die dunklen und farbintensiven Objekte in einer Zeichnung näher als die hellen. An dem Beispiel links unten sehen Sie das sehr gut: Auch ohne perspektivische Verschiebungen wirkt der Baum näher als die Hügel. Um das Auge zu schulen, ist es eine gute Übung, sich eine Grauskala anzulegen (rechts vier Stufen davon) und kleine Kompositionen damit auszuprobieren.
Die Tonwerte sind natürlich für die Arbeit in Farbe genauso wichtig, auch da wirkt Dunkles (Farbintensives) näher als Helles (unten).
Zur Übung: Ein Spiel mit Licht und Schatten ist die Komposition oben rechts. Versuchen Sie nun, allein durch Tonwerte – Grau oder Farbe – den Eindruck von Tiefe zu verstärken.

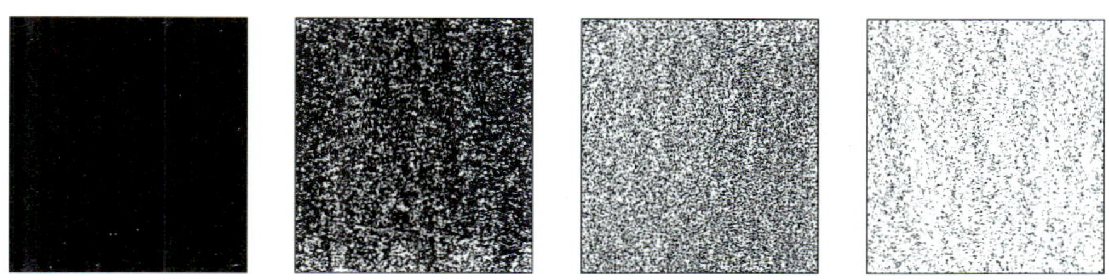

# Perspektive

Die perspektivische Zeichnung ist eine Erfindung der Neuzeit, d. h., daß die dreimensionale Darstellung in Europa erst in der Zeit der Renaissance begann. Früher halfen sich die Künstler mit einer Art stillschweigender Übereinkunft, einer optischen Form, die eher auf der Wichtigkeit der einzelnen Objekte beruhte als auf deren Räumlichkeit. So galt z. B. im alten Ägypten und im Orient alles, was oben im Bild gezeigt wurde, als entfernt, alles im unteren Teil des Bildes als nah. Dabei spielte die Größe der Darstellung keine Rolle. Sie sollten also über die Grundlagen der perspektivischen Darstellung Bescheid wissen, sich aber von ihr in Ihrer Kreativität nicht einschränken lassen. Der französische Maler Eugène Delacroix sagte einmal, daß man die Perspektive studieren, dann aber wieder vergessen sollte.

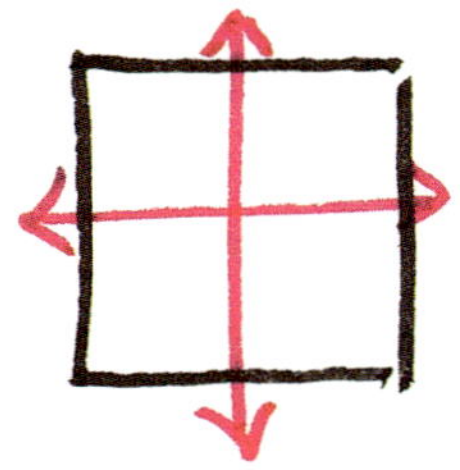

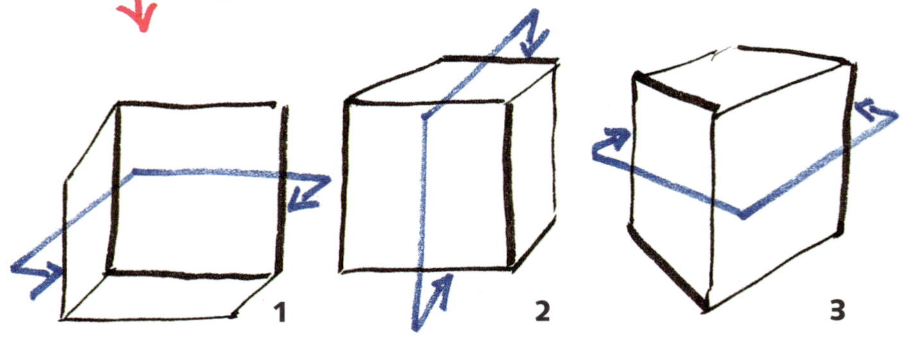


*Ein Quadrat ist flach, durch die Perspektive wird es zum Würfel. Die horizontalen Linien verlaufen in den Fluchtpunkten auf der Horizontlinie. Nehmen wir diese drei einfachen Würfel als Beispiel. Würfel 1 sehen wir von unten (Froschperspektive), d. h., er liegt oberhalb der Augenlinie. Würfel 2 und 3 sehen wir von oben (Vogelperspektive), er liegt also unterhalb der Augenlinie.*

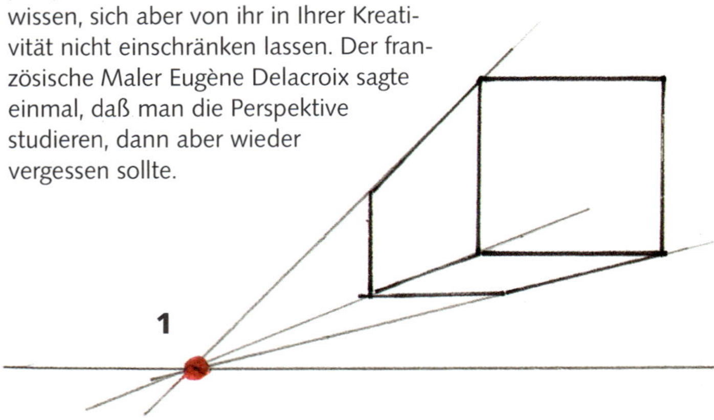


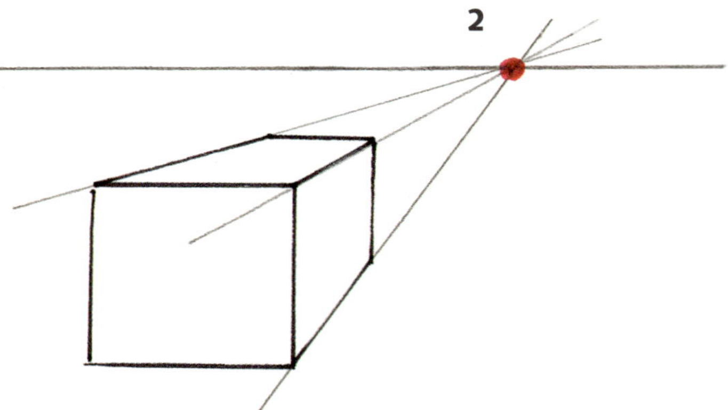


Machen wir es also ganz einfach: Die Horizontlinie stellt unsere Augenhöhe dar, sie ist eine imaginäre Sehebene, auf die sich alle Teile im Bild beziehen, unabhängig davon, ob wir auf einem Berg stehen oder am Boden liegen. Diese Horizontlinie muß als erste festgelegt werden. Alle horizontalen Linien im Bild verlaufen in einem oder zwei Fluchtpunkten, die auf der Horizontlinie liegen, ins Unendliche. Wir suchen also einen oder zwei Fluchtpunkte auf der Horizontlinie und lassen alle horizontalen Linien dort zusammenlaufen. Die senkrechten Linien bleiben senkrecht, sie stehen im rechten Winkel zum Horizont.

*Während wir Würfel 1 und 2 jeweils von der Seite sehen, sehen wir Würfel 3 von vorne (und oben). Hier brauchen wir zwei Fluchtpunkte zur dreidimensionalen Darstellung.*

3

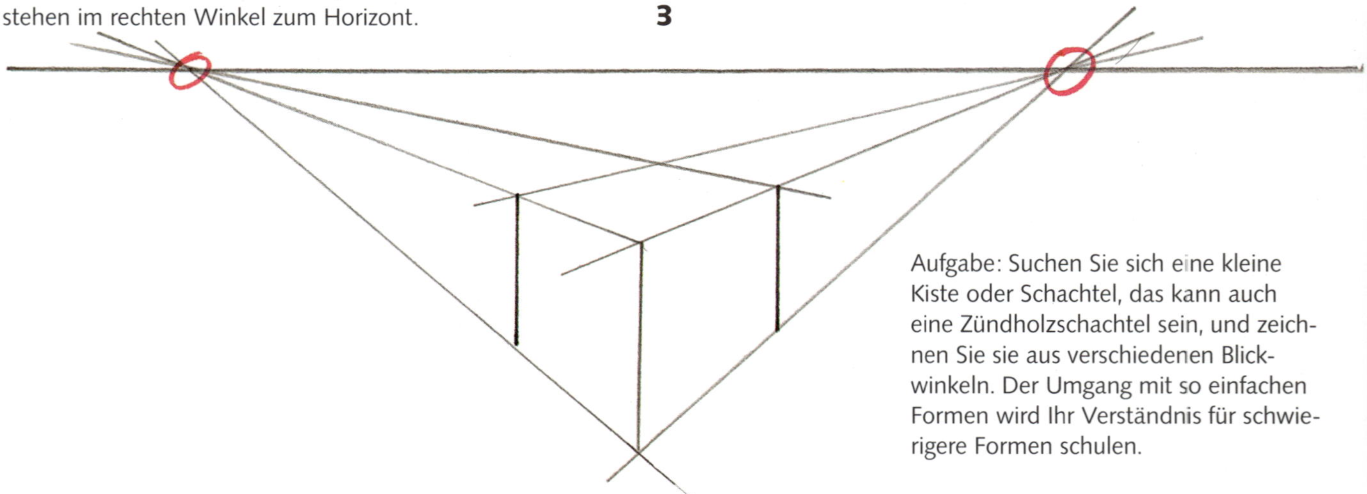

Aufgabe: Suchen Sie sich eine kleine Kiste oder Schachtel, das kann auch eine Zündholzschachtel sein, und zeichnen Sie sie aus verschiedenen Blickwinkeln. Der Umgang mit so einfachen Formen wird Ihr Verständnis für schwierigere Formen schulen.

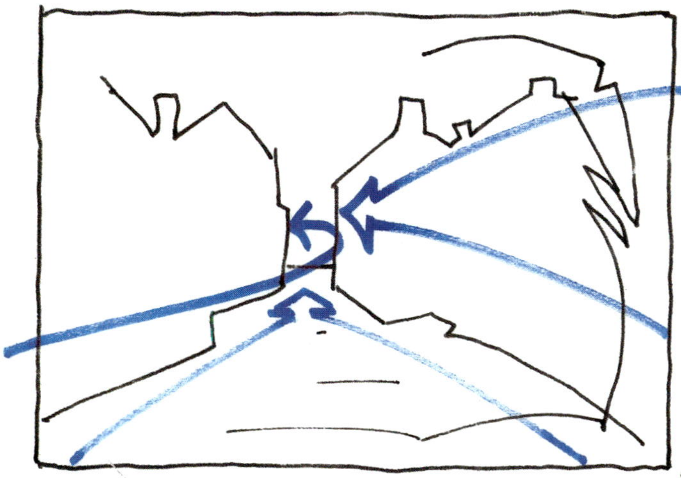

Steht etwas frontal vor uns, können die Fluchtlinien auch auf einen Fluchtpunkt in der Mitte zulaufen, also mit Hilfe der Zentralperspektive. Natürlich muß dieser Punkt nicht haargenau in der Mitte liegen, er ist abhängig von unserem Standpunkt. Hier stehen wir etwas rechts von der Gasse, sie verläuft nach links hinten. Diese leichte Verschiebung deutet auch an, daß sie noch um die Ecke des letzten Hauses auf der linken Bildseite führt. In vereinfachter Form können Sie das ausprobieren, indem Sie verschieden große Schachteln zu einer „Gasse" ordnen und sie von unterschiedlichen Blickwinkeln aus zeichnen.

Schon oben sehen Sie, daß ich die Perspektive nicht so ernst genommen habe und diese Gasse trotzdem „richtig" wirkt. Mit der Genauigkeit kann sich die Fotografie beschäftigen, der Reiz der Zeichnung liegt in der individuellen Übertragung, in dem, was der Künstler hineinlegt und zeigen möchte. So ist links die Gasse noch zu erkennen, doch sie wirkt unwirklich und ein bißchen märchenhaft, durch die schiefen Häuser entsteht Bewegung und Lebendigkeit. Machen Sie ein paar Skizzen dazu!

# Die Skizze und der Skizzenblock

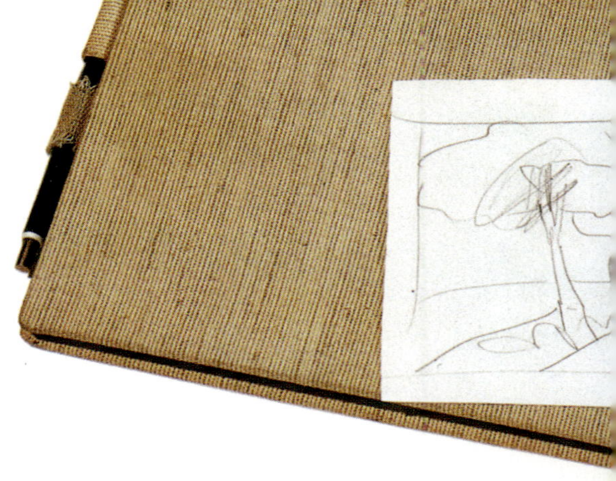

Manchmal hat man Lust, etwas zu zeichnen, aber es fällt einem einfach nichts ein. In so einem Fall ist es praktisch, wenn man auf sein Skizzenbuch zurückgreifen kann, in dem Eindrücke, kleine Entdeckungen und sonstige Ideen festgehalten sind. Für viele Künstler ist dieses schnelle Skizzieren wie eine Art Tagebucheintragung, in der persönliche Gedanken und Gefühle bildlich notiert sind. Doch der Skizzenblock dient nicht nur als persönliches Archiv, sondern hat auch praktische Seiten. Durch das häufige schnelle Zeichnen wird der Strich sicherer.

Da kein fertiges Kunstwerk entstehen muß, fühlen Sie sich freier, lernen auf ungezwungene Art, Gesehenes umzusetzen und festigen zugleich Ihr Gefühl für Komposition. Seien Sie also in Ihren Skizzen nicht ängstlich, sondern zeichnen Sie mit großzügigen, eindeutigen Linien, und vermeiden Sie pingeliges Gestrichel. Versuchen Sie gleich von Anfang an, den Strich durchzuziehen, klare Linien zu zeichnen – wenn sie falsch sind, macht das gar nichts. Sie können auch über eine mißglückte Linie eine neue zeichnen, was sogar recht reizvoll aussehen kann.

Da man den Skizzenblock (Heft oder Buch) immer dabeihaben sollte, darf er nicht groß und aufwendig sein, wichtig ist, daß er leicht zu transportieren ist. Praktisch ist ein Block, der durch ein Deckblatt geschützt ist. Hefte eignen sich genausogut, ebenso natürlich gebundene, unbedruckte Bücher, die den Vorteil haben, daß man sich keine feste Zeichenunterlage suchen muß und auch mal schnell auf den Knien zeichnen kann. Ich persönlich stelle mir gern auf einem Klemmblock verschiedene Papiere zusammen. Wie der Name sagt, wird mit Hilfe einer Klemme das Papier auf einer harten Unterlage festgeklemmt. Man kann auf diese Weise mit verschiedenen Papiersorten experimentieren.

Womit Sie zeichnen, die Wahl der Stifte also, bleibt Ihren Vorlieben überlassen. Mit Bleistift lassen sich ebensogut Skizzen anfertigen wie mit Filzstiften oder Kugelschreiber. Farbstifte eignen sich prima, aber auch Kreiden, die allerdings empfindlicher sind, da sie leicht brechen und verschmieren.

*Hier ein paar Skizzenblöcke und -bücher zur Auswahl. Es gibt inzwischen nicht nur im Fachhandel, sondern auch in Geschenkartikelläden eine Vielzahl an unbedruckten Büchern, die sich wunderbar zum Skizzieren eignen. Auf farbigem Papier können ebenso interessante Arbeiten entstehen wie auf weißem oder auf Packpapier. Skizzieren können Sie im Grunde auf allem, auch auf Servietten, wenn nichts anderes zur Hand ist. Solche Skizzen klebe ich dann in ein Heft ein, wie ganz links ein Ringheft mit verschieden farbigen Blättern.*

*Von links: großes Ringheft, darauf ein Block mit Japanpapier, darunter ein Zeichenblock, der mit einem Stift verschlossen wird. Daneben der Klemmblock, darüber ein Heft und ganz rechts ein Feinpapierblock.*

# Von der Skizze zur fertigen Zeichnung

Was ist der Unterschied zwischen einer Skizze und einer Zeichnung? Natürlich ist eine Skizze auch eine Zeichnung, aber trotzdem denken wir dabei eher an etwas Unvollständiges, an einen Entwurf, wohingegen eine Zeichnung etwas Fertiges und Ausgearbeitetes ist. Ganz allgemein gesehen ist das auch

richtig. Die Skizze entspricht dem Aufnotieren von Ideen und Gedanken und dient als Vorüberlegung zu weiteren Arbeiten. Außerdem dokumentieren Skizzen die Entwicklung eines Bildes und helfen, sich über seine Aussage klar zu werden. Oft ist die Skizze spontaner und lebendiger als die fertige Zeichnung, weil man unverkrampfter und lockerer darangeht – es ist ja nicht viel verloren, wenn eine Skizze nicht perfekt gelingt. Skizzen sind also Überlegungen mit dem Stift. Man kann Kompositionen ausprobieren, Größenverhältnisse festlegen und Farben kombinieren. Ich studiere zuerst einmal die Objekte, die ich zeichnen will, sehe sie mir von verschiedenen Seiten an und spiele auch schon mit den Farben.

Bei dem Ausblick durch die Felsen wollte ich die Bäume oder die Felsen im Vordergrund betonen. Meine Überlegungen hielt ich in schnellen Skizzen, schwarzweiß und in Farbe, fest. Ich habe verschiedene Techniken ausprobiert, so wie links die Rohrfeder oder Farbstifte, die ich vermale. Oft mische ich auch verschiedene Techniken, in der Skizze läßt sich vieles problemlos ausprobieren. Doch ich wollte die Strukturen von den Bäumen und den Felsen betonen und sie in Kontrast zu den kleinen, präzise gezeichneten Häusern setzen.

Für diese Art der Darstellung schien mir keine der in den Skizzen verwendeten Techniken geeignet. Ich entschied mich für die Kombination von weichem und hartem Bleistift, um ein feines Nachbilden, aber auch ausdrucksvolles Arbeiten mit Hell-Dunkel-Kontrasten zu ermöglichen.

Eine Weiterverwendung der Skizzen in anderen Techniken bleibt immer noch offen.

# Welche Technik für welches Motiv?

Zur Wahl der Technik gibt es, wie Sie schon bemerkt haben, keine festen Regeln. Häufig wird sie sich einfach nach den äußeren Gegebenheiten richten und nach dem, was Sie gerade zur Hand haben. Aber auch das Motiv kann ausschlaggebend für die Technik sein. Für strenge Architekturzeichnungen sind Arbeitsmaterialien wie Pinsel oder weicher Bleistift weniger geeignet; man wird in diesem Fall eher zur Feder oder gar zum Rapidographen greifen. Gras, Pflanzen oder Bäume dagegen werden verspielter und lockerer mit Kreiden oder bewegten Pinselstrichen. Die verschiedenen Techniken lassen sich jedoch auch sehr gut in einer Zeichnung kombinieren, und gerade eine Gestaltung mit unterschiedlichen Techniken kann sehr ausdrucksstark und lebendig wirken. Klar abgegrenzte Teile wird man vielleicht mit eindeutigen, festen Linien, Felder und Wiesen mit weichen Strichen zeichnen. Sehen wir es uns an ein paar Beispielen an.

In den Bildern links habe ich Schraffuren zum Formen der Motive eingesetzt. Die Schraffuren übernehmen in jedem Bild jedoch eine andere Funktion. Oben, in der Skizze mit weichem Bleistift, wird die Form des Felsens durch die Richtung und die unterschiedliche Dichte der Linien gestaltet. Probieren Sie einmal

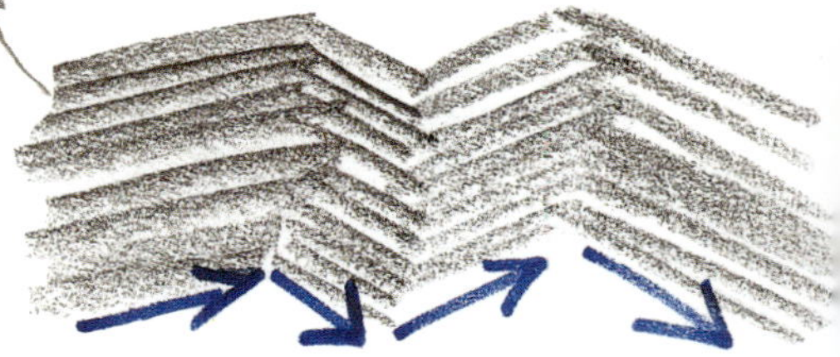

*Mit Schraffuren formen – oben Bleistift, unten Tusche.*

etwas Ähnliches mit wellenförmigen Linien aus.
Die Federzeichnung darunter lebt von der Kreuzschraffur, die Tiefe und die Plastizität der Gebäude entstehen durch das Helldunkel dieser Strukturen.
Für die Darstellung von Architektur ist der Rapidograph gut geeignet, da sich seine Linien nicht verändern. Dunkle Flächen muß man einfach ausmalen oder mehrere Linien nebeneinandersetzen. Für die Dächer in dem Bild rechts oben ist diese Technik ideal. Die Linien der Dachziegel unterstützen die Perspektive. Wenn Sie die Augen einmal etwas zusammenkneifen, sehen Sie auch die verschiedenen Tonwerte deutlicher, die durch die mal mehr und mal weniger dichten Linien entstehen. In der farbigen Zeichnung darunter gibt es die weicheren Linien von Feder und Pinsel. Die etwas härtere, aber doch dem Druck der Hand nachgebende Feder habe ich für das Gebäude benutzt, den Pinsel für Gräser und Palme.

*Harte Linien eignen sich für starre Motive, weiche für bewegte.*

Aufgabe: Suchen Sie sich Motive mit unterschiedlichen Strukturen und versuchen Sie, ihnen mit Hilfe verschiedener Techniken gerecht zu werden.
Beispiel: Ein Tisch und ein Stuhl in einem Garten. Tisch und Stuhl sind glatte, harte Materialien, Wiese und Pflanzen dagegen weicher und strukturierter. Welche Technik wenden Sie an?

# Farbe und Bildaussage

*warm*

Alles, was Sie darstellen, hat eine Wirkung auf den Betrachter. Er kann eine Zeichnung mögen oder nicht, sie kann kalt, warm, fröhlich, traurig, ruhig oder aggressiv wirken. All das sollten Sie nicht dem Zufall überlassen, sondern bewußt einsetzen.

*kalt*

Beginnen wir mit den Farben, bei denen wir warme und kalte unterscheiden. Sicher haben Sie es auch schon einmal erlebt, daß Sie in einem blau gestrichenen Raum geglaubt haben zu frösteln, sich in einem gelblichen dagegen behaglich fühlten. Dafür gibt es gute Gründe: Schnee und Eis erscheinen uns bläulich und damit kalt, die Sonne und Dinge, die sie bestrahlt, wirken gelblich und damit warm. Natürlich ist es nicht immer ganz so einfach, da es auch neutrale Farben gibt, die weniger eindeutig sind, wie z. B. Rotviolett oder Gelbgrün. Vergleichen Sie die beiden Bilder links und die Regenbogen miteinander. Obwohl sie jeweils Rot, Gelb, Blau und Violett enthalten, wirkt das obere wärmer als das untere. Das liegt an den Rot- und Blauanteilen der jeweiligen Farben. Die Farben oben haben mehr Rotanteile, die unten mehr Blauanteile.

Bei Schwarzweißzeichnungen ist es nicht so leicht, Stimmungen darzustellen; da entscheiden Motiv und Komposition über die Aussage des Bildes. So wirken diagonale, asymmetrische Formen bewegter und lebendiger als symmetrische und ebenmäßige. Das Bild rechts oben hat mehr Spannung als das darunter, da die extrem große weiße Fläche im Kontrast zu der viel kleineren dunklen steht. Bei dem Bild unten dagegen sind die Größenverhältnisse ausgewogen, und daher strahlt das Bild mehr Ruhe aus. Doch nicht nur Spannung und Ruhe sind in diesen Zeichnungen zu finden, sondern auch Kälte – es hat geschneit. Das richtige „Weglassen" ist eine Kunst für sich. Hier entsteht der Eindruck von Schnee durch die am Boden unvollständig ausgearbeiteten Zäune und Bäume und die vereinzelt eingesetzten Gräser.

# Straßen und Wege

Straßen und Wege prägen häufig das Bild einer Landschaft. Romantische Waldwege schlängeln sich durch Wälder und Wiesen, Autobahnen zerschneiden Felder und Ebenen, Gassen prägen das Stadtbild – die Liste läßt sich beliebig fortsetzen. Straßen sind also in der zivilisierten Welt ein Teil der Landschaft, beschreiben, ergänzen oder zerstören sie. Und damit sind sie auch ein wichtiger Bestandteil der Bildaussage.
In den meisten Darstellungen führen die Straßen zum Horizont des Bildes, d. h., daß sie perspektivischen Verkürzungen, Verschiebungen und Veränderungen unterliegen. Diese Perspektiven zu übertreiben und als spielerisches Element zu benutzen, kann eine reizvolle Aufgabe sein.
Wir sehen uns das zuerst einmal in vereinfachter Form an. Eine gerade Straße verläuft in einem Fluchtpunkt am Horizont. Eventuelle Häuser an ihren Seiten passen sich dieser Perspektive an (oben). Auch nach einer Seite versetzt, bleibt der Fluchtpunkt der Endpunkt der Straße. Krümmt sie sich vorher, richten sich auch die Kurven nach diesem Endpunkt. Erschrecken Sie aber jetzt nicht, die Kurven müssen natürlich nicht perspektivisch konstruiert werden, sondern können von Ihnen frei auf den Fluchtpunkt zugeführt werden. Überhaupt soll die Perspektive ja nur als Anhaltspunkt dienen, der Ihnen dabei hilft, Tiefe und Entfernung darzustellen.

Übung: Skizzieren Sie eine einfache Landschaft, z. B. ein Haus im Vordergrund, eine weite Ebene und Berge im Hintergrund. Durchziehen Sie diese Landschaft nun mit verschiedenen Straßen, beginnen Sie mit den einfachen, die hier rechts gezeigt werden.

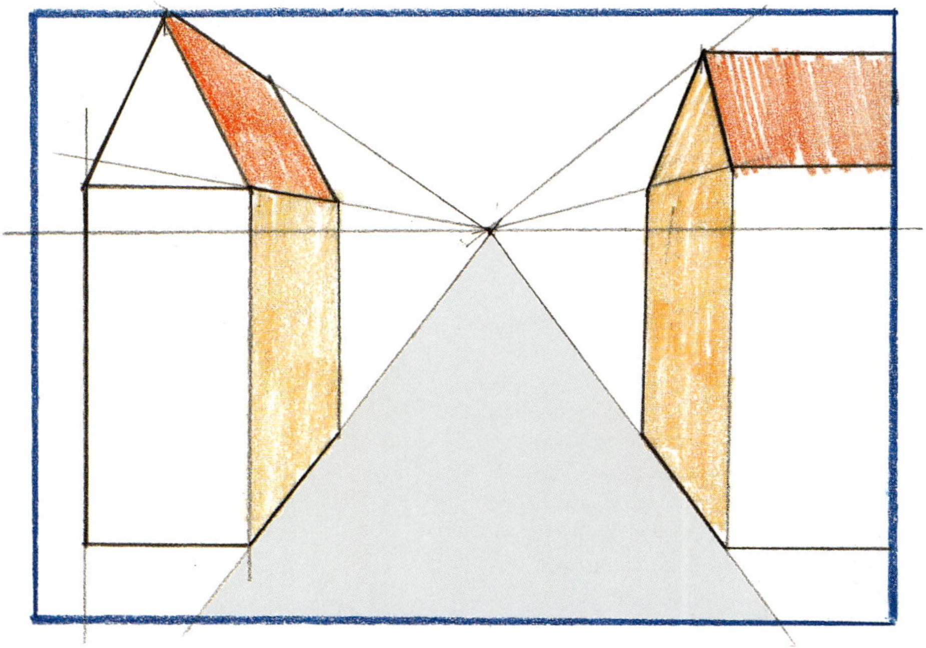

Zur Anregung hier zwei Zeichnungen, die aus den Perspektiven links entstanden sind. Die Häuserreihe im Bild oben steht an der geraden Straße, die in diesem Fall nicht am Horizont, sondern an einer Querstraße endet. Sie sehen, daß die Häuser keineswegs genau gezeichnet werden müssen, die angedeutete Schräglage verschafft dem Bild Bewegung und deutet außerdem an, daß es sich um ältere Häuser handelt. Gezeichnet ist das Ganze mit der Rohrfeder, die Tusche habe ich an manchen Stellen mit Wasser vermalt.

Um eine breitere Straße in einem kleinen Ort scheint es sich bei der zweiten Darstellung zu handeln. Die Straße verläuft perspektivisch wie bei der mittleren. Die leichte Krümmung verlängert die Straße in der Vorstellung (wir wissen aus Erfahrung, daß eine Straße mit Kurven länger ist als eine gerade), beeinträchtigt aber die Gesamtperspektive nicht. Finden Sie eine Komposition für das dritte Beispiel!

## Straßen modellieren die Landschaft

Straßen, die sich durch sonst unberührte Landschaften ziehen, haben nicht nur eine optische, sondern auch eine gefühlsmäßige Wirkung. Endlose Straßen, die sich im Horizont verlieren, lassen vielleicht das Gefühl von Einsamkeit anklingen oder unterstreichen den Konflikt zwischen Mensch und Natur. Sie können sie also als Ausdrucksmittel ebenso wie als Stilmittel einsetzen, zur Verdeutlichung der Perspektive oder zur reinen Dekoration. Extreme Verkürzungen oder absichtlich falsche Perspektiven und perspektivische Übertreibungen können zu einer starken Aussagekraft führen. Auf einem Straßenverlauf basierende Kompositionen unterstreichen besonders gut bestimmte Eindrücke, die beim Betrachter hervorgerufen werden sollen. Drei der vielen Möglichkeiten sehen Sie hier. Beginnen wir links oben. In dieser Blei- und Farbstiftzeichnung werden die Hügel mit Hilfe der sich schlängelnden Straße regelrecht geformt. Der Verlauf der Straße, ihre Verengungen und Verkürzungen zeigen uns, wo die Hügel steiler und wo sie flacher sind, und wir bekommen ein Gefühl, wie weit sie in etwa vom Betrachter entfernt sind.
Ein Beispiel für eine weite, einsame Landschaft ist die Federzeichnung mit Kreide links unten. Die Perspektive (mit einem Fluchtpunkt) zeigt, daß die Ebene vor dem Gebirge nur von leichten Bodenwellen durchzogen ist, und man bekommt den Eindruck, unendlich lange fahren zu müssen, bis man das Gebirge erreicht.
Zu einer sehr starken Aussagekraft verhilft die Straße auf dem großen Bild durch ihre extreme Perspektive. Diagonalen vermitteln den Eindruck von Bewegung, Dynamik, bis hin zur Aggression. Die schräggestellten Häuser verstärken die Bewegung noch, unterstützt von der Mischtechnik (Tusche, Bleistift, Farbstift und Wachskreide).

*Straßen als Stilmittel:*
*Oben formt die Straße die Hügel, darunter betont sie die Weite der Landschaft, rechts unterstützt sie die Dynamik der Komposition.*

## Städte und Dörfer

Malerische Ferienorte reizen zum Zeichnen, doch oft ärgert man sich über unschönes Zubehör wie geparkte Autos, häßliche Fernsehantennen oder aufdringliche Neonreklame. Abgesehen davon, daß Sie diese Dinge in einer Zeichnung einfach weglassen können, könnten Sie sich aber einmal bewußt damit beschäftigen. So kann eine Außenwerbung durchaus charakteristisch für ein Stadtbild sein (denken Sie an Fotos von Hongkong) oder können Antennen in einem Dorf den technischen Fortschritt beschreiben. Hier ein paar Beispiele dazu. Vor den verspielten Fassaden einer französischen Kleinstadt fand ein Blumenmarkt statt (oben links), mit ziemlich häßlichen Lieferwagen. Doch gerade das war typisch für diesen kleinen Markt, und in Verbindung mit der Architektur wurde ein reizvolles Motiv daraus. Straßenschilder, Werbung und Fahrzeuge verstärken den Eindruck von Geschäftigkeit, sie geben der eher gemütlichen Straße mit Caféstühlen unten eine rege Betriebsamkeit. Das italienische Dorf rechts wäre vielleicht schöner ohne geparkte Autos. Doch gerade in Italien wird in den kleinsten und engsten Gassen geparkt, Gehsteige und Toreinfahrten werden verstellt. Ein typisches Merkmal also – und durchaus ein Blickfang in dem Bild.

# Architektur und Landschaft

Europa, und besonders Deutschland, ist sehr dicht besiedelt, und im Gegensatz zu den unendlichen Weiten Amerikas finden sich bei uns nur schwer endlos scheinende Flächen ohne jegliches Zeichen von Zivilisation. Gerade das gehört aber auch zu den typischen Merkmalen des Landes und kann zu ungewöhnlichen und spannungsreichen Motiven anregen.

## Architektur als grafisches Element

Die geraden Linien und geometrischen Formen von Gebäuden stehen meist in Kontrast zu den bewegten Formen von Pflanzen, Bergen oder Gewässern. Dieser Kontrast kann zu interessanten Kompositionen führen. Vergleichen Sie die Landschaften links und unten miteinander. Während oben der große Baum Blickfang ist, wird er unten unwichtig, denn das rote Dach des kleinen Hauses ist nun der Bildmittelpunkt.

## Positive und negative Flächen

Ein Bild besteht nicht nur aus positiven Formen, also den Objekten, die wir darstellen, sondern auch aus negativen Formen, die sich zwischen den positiven ergeben. Jedes Bild hat durch den Papierrand eine äußere Begrenzung. Automatisch entstehen zwischen diesem Rand und dem gezeichneten Objekt Flächen. Oben links sehen wir Bäume mit Dächern. Im Bild daneben sehen wir eigentlich das gleiche. Dabei könnte es sich aber auch, z. B. zwischen den Ästen, um eigenständige Formen handeln. Man sollte also diese negativen Formen ebenso bewußt in die Komposition einbeziehen wie die positiven. Unten habe ich daraus ein Stilelement gemacht. Versuchen Sie folgendes: Suchen Sie einen Ausblick aus Ihrem Fenster und benutzen Sie den Fensterrahmen als Begrenzung. Zeichnen Sie dann den Ausblick, indem Sie nur die negativen Flächen skizzieren.

## Kontraste

Wie schon beschrieben, wirken sich die Größenverhältnisse von Häusern zu der sie umgebenden Landschaft auf die Aussage eines Bildes aus. So kann der Eindruck von Tiefe und Entfernung entstehen, wenn die Gebäude klein sind und die Landschaft im Gegensatz dazu sehr viel Raum im Bild einnimmt (links). Dominiert ein Gebäude, ist es nahezu bildfüllend wie unten, bekommt es deutlich mehr Gewicht, und die Landschaft reduziert sich auf eine eher unterstützende oder schmückende Funktion. Man kann also sagen, daß die Aussage um so deutlicher wird, je größer der Kontrast ist. Dieser Kontrast ist oft ausschlaggebend für eine interessante Komposition. Dabei können Sie mit ganz unterschiedlichen Kontrasten, wie z. B. einem extremen Größenunterschied oder Helldunkel und Farbkontrasten arbeiten. Kontraste ziehen immer die Aufmerksamkeit des Betrachters auf sich, sie vermitteln den Eindruck von Lebendigkeit, und das Bild bleibt länger im Gedächtnis als eines ohne auffallende Merkmale.

*Kontraste machen ein Bild lebendig. Der extreme Größenunterschied von Dorf und Bäumen oben rückt das Dorf in die Ferne. Das Haus unten wirkt durch seine Größe riesig, was durch die große weiße Fläche noch unterstützt wird.*

## Das Typische herausarbeiten

Die Bauweise in einem Land hängt von dessen Klima und dem zur Verfügung stehenden Baumaterial ab. In warmen Ländern, wo sich das Leben überwiegend im Freien abspielt und es wenig regnet, baut man anders als in nördlichen Ländern, in denen die Menschen auf ihre schützenden vier Wände angewiesen sind. Aus diesem Grund ist der Baustil eines Landes auch charakteristisch für die Lebensweise. So verändern sich schon kurz, nachdem man die Grenze zu Italien überquert, die Dächer und die Türme der Häuser, und man spürt, daß man sich in einem anderen Land befindet. Für einen Teil Deutschlands sind die Fachwerkhäuser typisch, den Norden erkennt man an den Reetdächern, bei den weißen Gebäuden mit leuchtendblauen Fenstern und Türen denkt man gleich an Griechenland, während die Häuser mit Schieferdächern und zwei Außenkaminen vor allem in England oder Irland stehen. Gebäude gehören also zum typischen Bild eines Landes, ebenso wie die Vegetation und seine Farben. Alles zusammen hilft uns, bei Urlaubszeichnungen eine Gegend bildlich zu beschreiben. Rechts sehen Sie einige meiner Urlaubsskizzen. Erkennen Sie die Länder? (Oben links Griechenland, daneben England, darunter Marokko und unten Italien.)

# Ein Weg zur freien Komposition

Natürlich kann man die nun im einzelnen besprochenen Themen nicht voneinander trennen. In jeder Komposition sollten Sie die positiven und negativen Flächen planen, Sie werden sich für einen Schwerpunkt im Bild

*Ein einfaches Motiv verändert sich durch Farben und Kompositionen – führen Sie es weiter!*

entscheiden, Kontraste schaffen und auch die passende Technik finden müssen. Oft eignen sich mehrere Techniken für ein Thema, und es macht Spaß, ein wenig zu experimentieren.
Die Skizze links oben ist auf einem Stück Packpapier im Urlaub entstanden. Das helle Licht gab dem Motiv tiefe Schatten, und ich habe mich hauptsächlich auf die Raumaufteilung konzentriert. Die Tatsache, daß diese drei Häuser ganz allein stehen, wird durch die beherrschenden leeren Flächen betont. Daß sie den Schwerpunkt des Bildes darstellen, zeigt die verhältnismäßig genaue Ausarbeitung der Gebäude, die im Kontrast zu den eher skizzenhaften Bäumen steht.
Das Ganze habe ich später zu Hause in Farbe umgesetzt (großes Bild) und dabei die Größenverhältnisse absichtlich übertrieben. Fein ausgearbeitet wurde nur ein Haus, der Hintergrund – die negative Fläche zwischen Bäumen und Häusern – farblich überbetont, um eine dramatischere Wirkung zu erreichen.
Die großen Flächen habe ich mit Ölkreiden angelegt, die Feinheiten mit Bleistift und Farbstiften hineingezeichnet. Durch die ungewöhnliche Schrägstellung verstärkt sich die Bewegung und Dynamik der Komposition.
Noch einen Schritt weiter ging ich dann in der Ausführung mit Pastellkreiden auf blauem Tonpapier (unten rechts). Das weiche Tonpapier eignet sich sehr gut als Untergrund für Pastellzeichnungen, da sie darauf nicht so leicht verwischen und sich doch noch gut verreiben lassen. Den Schwerpunkt des Bildes habe ich nun nach links oben verlegt, dort sorgen lebendige Farben und variationsreiche Striche für Bewegung. Den Kontrast dazu bilden die ruhigen Flächen des Vordergrunds, die durch ihre Begrenzung wie Hügel wirken.
Obwohl hier immer mit dem gleichen Motiv gearbeitet wurde, sagt jedes der drei Bilder etwas anderes aus. Während die Schwarzweißskizze überwiegend eine Information beinhaltet – da stehen drei Häuser in einer einsamen Gegend –, erweckt die schräggestellte Komposition mit den heftigen Strichen eher Aggressionen, die durch das Violett des Hintergrunds verstärkt werden. Das Pastellbild strahlt durch die weichen, runden Formen eine gewisse Harmonie aus, die Gesamtkomposition aber verhindert, daß das Bild langweilig wird.

# Landschaft und Vegetation

Es ist gar nicht so leicht, eine Landschaft ohne Dörfer, Kirchen oder verstreute Bauernhöfe zu zeichnen, da der Blickpunkt fehlt. Eine herrliche Aussicht über hügeliges Land oder weite Dünen vermittelt vielleicht eine wunderbare Atmosphäre, die sich in Öl oder Aquarell malen ließe, zum Zeichnen jedoch animiert sie nicht unbedingt. Da reizen eher bizarre Bäume oder andere Pflanzen, die die Landschaft charakterisieren. Gerade Bäume in ihrer Vielfalt sagen viel über eine Gegend aus. Und weil man nicht jedes einzelne Blatt zeichnen kann, ist es notwendig, sich zuerst mit den Grundformen eines Baumes auseinanderzusetzen. Am einfachsten ist es, wenn Sie die Augen zusammenkneifen und sich nur auf die Gesamtform sowie Licht und Schatten konzentrieren. Die hellen und dunklen Stellen formen die Baumkrone ebenso wie den Stamm und die Äste (oben). Beobachten Sie auch die verschiedenen Gruppierungen der Bäume, die in Ihrer Komposition ausschlaggebend für Tiefe und den Eindruck von Entfernung sein können. Welche der Variationen oben hat die meiste Tiefe? Die Strukturen der Blätter und deren Bewegungen im Wind sind typisch für Palmen. Auch hier verhelfen Licht und Schatten zur Plastizität.

Übung: Setzen Sie zu den Bäumen oben verschiedene Horizontlinien unter Beachtung der negativen Flächen. Sie werden erstaunt sein, wie sich die Kompositionen durch diese kleinen Linien verändern.

## Wiesen und Felder

Wie Sie wissen, unterstützen große Objekte im Vordergrund die Tiefenwirkung. Was aber tun, wenn nun nichts Besonderes im Vordergrund steht? Ganz einfach, man verändert die Dichte der Strukturen. So werden z. B. die Linien, die Felder charakterisieren, nach hinten schmaler und dichter (unten links). Eine Wiese kann dadurch plastisch wirken, daß man die Gräser im Vordergrund detailliert darstellt, sie nach hinten aber immer mehr vereinfacht (unten rechts). Aus den Gräsern werden Striche und aus den Strichen Punkte. Wenn Sie sich ein Foto von einer Wiese einmal genau anschauen, werden Sie sehen, daß der optische Eindruck der gleiche ist. Gräser und Halme lassen sich wunderbar mit Feder, Pinsel und Tusche in vereinfachter Form darstellen (oben).

# Himmel und Wolken, Weite und Höhe

Was beim Aquarellmalen kein Problem ist, nämlich schöne in sich verlaufende Wolkenstimmungen herzustellen, ist zeichnerisch wesentlich schwieriger. Daher sind Wolken oft nur schmückendes Beiwerk und nicht Inhalt einer Zeichnung. Doch auch hier gibt es interessante Möglichkeiten. Denken Sie vor allem daran, daß eine Wolke unten dunkler ist als oben, und beobachten Sie einen Himmel längere Zeit, bevor Sie sich für eine Wolkenart entscheiden. Abgesehen von einfachen linear gezeichneten Formen eignen sich auch Verläufe sehr gut. Ich habe hier Wolkenformen aus Papier ausgerissen (oben) und sie als Schablonen benutzt. Ich verreibe dann die Kreiden oder Farbstifte in gleichbleibender Richtung über die Schablonen hinaus.
Durch große Himmelsflächen wird der Eindruck von Weite verstärkt. Auch Wasser, wie z. B. das Meer, kann dazu beitragen. Der See als Mittelpunkt des Bildes links erzielt den gleichen Effekt wie der Himmel bei dem Bild oben.
Die große Fläche, die sich nach hinten verjüngt, gibt dem Bild Tiefe, verstärkt durch die vom Dunklen zum Hellen verlaufenden Tonwerte.

Neben der Darstellung von Weite ist auch die zeichnerische Wiedergabe von Höhe nicht ganz einfach. Schon auf Fotos wirken Abgründe, bei denen wir in Wirklichkeit Höhenangst bekommen, harmlos. Das gleiche geschieht, wenn wir zeichnen. Man muß infolgedessen etwas hinzufügen, an dem man die Größen vergleichen kann. Bei Schluchten und Tälern spielt die gegenüberliegende Seite eine wichtige Rolle und die damit verbundene Perspektive. Das Tal selbst sollte dunklere Tonwerte (ein enges Tal liegt im Schatten) bekommen als die umliegende Landschaft. In der rein linearen Darstellung formen die Linien den Canyon, daneben ist es der Gegensatz von höheren und niedrigeren Felsformationen, die hier eine Schlucht bilden.

*Schon mit einfachen Hilfsmitteln läßt sich der Eindruck von Weite oder Höhe erwecken. Starke Größenunterschiede und gezielt eingesetzte Tonwerte helfen dabei. Abgesehen von der Tiefe, die im Bild oben mit Blautönen verstärkt wird, faszinierten mich hier die Felsformen des Grand Canyon, die manchmal wie Burgen oder Schlösser hoch oben auf dem Gipfel wirkten. Aus diesem Grund habe ich sie farblich betont und die restlichen Felsen nur angedeutet.*

# Ein Motiv, viele Möglichkeiten

Es lohnt sich immer, in einer Landschaft auch einmal Einzelheiten zu studieren, denn das, was man genau kennt, kann man leichter vereinfachen und umsetzen. Nehmen wir als Beispiel einen italienischen Weinberg. Ich habe mir die Reben und die Stangen, an denen sie befestigt werden, genau angesehen, habe die oft sehr bizarren Formen der Stämme miteinander verglichen und dabei das Blattwerk studiert. Durch den Befestigungsdraht und die Querverbindungen entstehen Formen, und besonders die Negativformen, die ich zwischendurch festhielt, gewinnen an Bedeutung (großes Bild).

Die Art, wie die Reben zusammengebunden werden und wie ihre Blätter aussehen, kenne ich jetzt und setzte sie in dem Bild von einem Rebstock um (oben). Als Kontrast zu der genau gezeichneten Pflanze füge ich das weiche Gras hinzu, die Spritzer wirken wie Wiesenblumen.

Aufgabe: Suchen Sie sich aus dem großen Bild verschiedene Ausschnitte, die Sie interessant finden. Versuchen Sie nun, neue Kompositionen zu finden, indem Sie Größen verändern, das Gewicht der Farben verlagern und negative Formen hervorheben. Durch Skizzen dieser Art festigen Sie Ihr Gefühl für Komposition ohne den Druck, ein völlig ausgearbeitetes Bild zeichnen zu müssen.

Der Weinstock kann auch als Vordergrund einer Landschaft dienen, wie Sie in dem Bild links sehen. Die diagonal verlaufenden Äste bringen Bewegung in die Komposition. Absichtlich ließ ich den Stamm im Vordergrund weiß stehen, er verhilft damit der Pflanze zu stärkerer Bedeutung. Beachten Sie auch hier, daß die negativen Flächen ebenso geplant werden müssen wie die positiven.

*Spielereien mit ausgearbeiteten und nicht ausgearbeiteten Formen verändern das Gewicht der einzelnen Objekte, ohne deshalb „unfertig" auszusehen. Das Auge ergänzt aus Erfahrung angedeutete Formen.*

# Pflanzen und Architektur

Wir haben uns in den vorhergehenden Kapiteln damit beschäftigt, Häuser und andere Gebäude als Gestaltungselemente in die Landschaft zu setzen. Und ähnlich wie ein rotes Dach einem überwiegend grünen Landschaftsbild einen gewissen Pfiff verleihen kann, können auch Pflanzen die Wirkung einer Zeichnung beeinflussen, in der Gebäude im Mittelpunkt stehen. Ein unscheinbares, sehr schlichtes Haus kann durch einen Blumenkasten belebt werden oder durch rankende Pflanzen plötzlich romantisch wirken.

Fenster mit vielen Unterteilungen, Fensterläden oder Rahmenverzierungen bestimmen das Bild einer Fassade, manchmal in reizvoller Art. Häufig sind sie jedoch sehr unattraktiv und bilden eher rechteckige, dunkle Löcher in der Hauswand. Solche Fassaden lassen sich durch Pflanzen und Spiegelungen auflokkern und beleben. Oben ergänzt die Pflanze im Vordergrund die eintönige Wand, die blaue Spiegelung im Fensterglas läßt den Betrachter den Himmel erahnen.

Auch der Blick durch ein Fenster von innen nach außen kann interessante Motive ergeben. Im Bild links stellt das Fenster ein eher grafisches Element dar. Die in der Größe übertriebenen Osterglocken sind ein farbiger Blickfang, der von der Landschaft vor dem Fenster unterstützt wird.

Rechts der Blick durch eine geöffnete Balkontür, der über den Gartenzaun hinweg auf eine bewachsene Mauer führt. Der Türrahmen dient gleichzeitig als Umrahmung des Bildes. Ich habe die Komposition mit Filzstiften angelegt und sie dann mit Farbstiften weiter ausgearbeitet. Alltägliche Details wie der Wassernapf der Katze oder die Gießkanne beleben das Bild und vervollständigen die Gesamtsituation.

Übung: Suchen Sie sich einen Fenster- oder Türrahmen als Kompositionshilfe. Er soll als natürliche Begrenzung dienen, also sozusagen den Bildausschnitt angeben. Wählen Sie einen nicht zu komplizierten Ausblick, und versuchen Sie einmal, nur die negativen Flächen zu zeichnen, die sich zwischen dem Rahmen und Ihrem Motiv ergeben. Erst danach setzen sie Details, Muster oder Verzierungen hinzu.

Graue Fassaden und eintönige Straßen können natürlich Gegenstand einer Zeichnung sein und der Aussage eines Bildes besonderen Ausdruck verleihen. Möchten Sie aber eine Gasse oder ein langweiliges Haus attraktiver machen, steht es Ihnen beim Zeichnen frei, irgendwo einen Busch oder Baum dazuzumogeln. Ich habe das mit dem Blattornament links versucht. Die an dem Hügel verstreut liegenden Häuser wirken weniger durch ihre Architektur als durch ihre Anordnung interessant. Die große, leere Fläche habe ich nun mit dem Blattornament gefüllt. Es entsteht dadurch der Eindruck von mehr Tiefe, aber auch ein subjektives „Voyeurgefühl": es wirkt, als beobachte man die Häuser aus einem Versteck heraus. Da aber nicht die Pflanze, sondern die Häuser das wichtigste Bildelement sind, beschränkt sich die Farbigkeit auf sie, die Pflanze bleibt ornamentartig.

Umgekehrt ist es bei der Treppe in Paris (rechts). Im Vordergrund fallen die Pflanzen durch ihre Farbigkeit auf und verleihen der Szene mehr Fröhlichkeit. Die Architektur im Zusammenhang mit Treppe und Geländer ist zweifellos auch ein interessantes Motiv, doch mir erschienen die Häuser zu grau und eintönig. Die Blüten im Vordergrund verfälschen diesen Eindruck nicht, denn die Gebäude bleiben farblos, doch das Gesamtbild bekommt durch die Farbe der Pflanzen mehr Ausdruck.
Wie Vegetation und Architektur zu einer Einheit verschmelzen können, zeigt Ihnen die Bleistiftzeichnung unten. Mich faszinierte bei diesem holländischen Bauernhof die Einheit von Flächen und Formen; Häuser und Pflanzen schienen ineinander aufzugehen, sich zu ergänzen. Wie Sie sehen, gibt es hier keine eindeutigen positiven oder negativen Flächen. Die Flächen werden gleichwertig, fast wie ein Muster gegeneinander gesetzt. Tiefe entsteht nur durch das Helldunkel. Gezeichnet habe ich mit verhältnismäßig hartem Bleistift (HB), der jedoch weich genug für Feinheiten ist und auch eine gewisse Schwärze ergibt.

# Farbige Ausarbeitung – Schritt für Schritt

Will man Skizzen ausarbeiten passiert es häufig, daß man sich mit der Entscheidung um das „Was" und „Wie" schwertut. Nehmen wir zuerst das „Was". Sicherlich werden Sie ein Thema heraussuchen, das Sie gefühlsmäßig anspricht und optisch reizvoll ist. Die Skizze muß dabei gar nicht besonders gut sein, da sie vor allem zur Erinnerung und Anregung dient. Verändert, übertrieben und in Form gebracht wird sie ja dann bei der Ausführung.

Der Palast hinter Palmen war eine flüchtige Skizze (links), die nur die Situation festhielt, nämlich die sich ergänzenden Formen von Architektur und Pflanze. Sonst aber sagt sie nicht viel über die Stimmung aus, sondern ist recht vage. In einer anderen Skizze war der gleiche Palast in die Ferne gerückt, die tropischen Pflanzen verhalfen ihm zu einer gewissen Außergewöhnlichkeit, und so entschied ich mich, diese Skizze weiter auszuarbeiten. Um den Eindruck von Wüste zu verstärken, verwendete ich für die Ausarbeitung ocker getöntes Papier als Untergrund. Dann legte ich mit Tusche und Feder die Grundkomposition fest. Der Eindruck von Tiefe entsteht diesmal durch die waagrechten Flächen, die nach hinten immer enger zusammenrücken, ähnlich den Flächen bei der zum Gebirge führenden Straße auf Seite 34.

Nachdem die Basis für das Bild geschaffen ist, arbeite ich frei weiter, wähle gefühlsmäßig die Farben der Pflanzen, die sich mit denen des Hintergrunds verbinden.

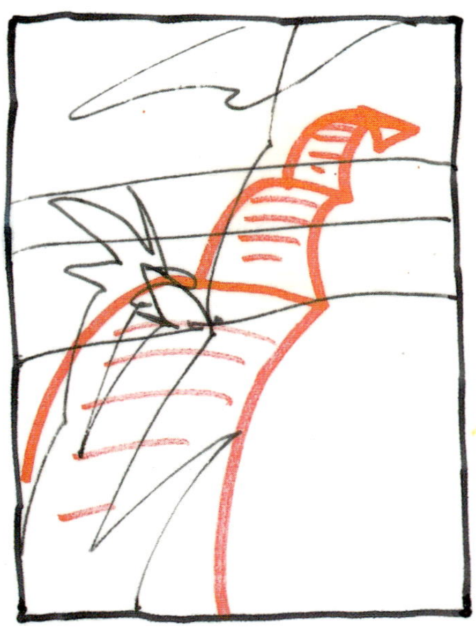

*Der Eindruck, der Palast sei weit entfernt, entsteht durch die Flächen, die zu ihm führen und nach hinten enger werden. Natürlich spielen auch die extremen Größenunterscheide eine wichtige Rolle, die großen Pflanzen im Vordergrund und der kleine Palast im Hintergrund unterstützen die Tiefenwirkung.*
*Bereits in den Skizzen setze ich farbige Schwerpunkte.*

*Die Grundkomposition lege ich auf ockerfarbenem Untergrund mit Feder und Tusche an. Ich gehe dabei von den Skizzen aus, die ich direkt an Ort und Stelle angefertigt habe. Dann lasse ich mich von Erinnerungen, farblichen Ideen und technischen Zufälligkeiten anregen und arbeite spontan mit Kreiden und Farbstiften weiter.*
*Die Skizze ist also nicht nur die Basis, um etwas genau zu studieren, was dann möglichst naturgetreu wiedergegeben werden soll. Sie kann auch als Anregung zu freien Arbeiten dienen, bei denen man das in der Realität Gesehene mit seinen eigenen Vorstellungen verbinden möchte.*

# Wie andere es gemacht haben

Vincent van Gogh, La Crau, gesehen vom Mont-major

Wie bei einem Kochbuch, in dem man neue Variationen eines altbekannten Gerichts entdecken kann, findet man auch in Galerien oder Kunstbüchern oft Anregungen, die inspirieren und neue Ideen bringen. Ein Besuch in Museen oder modernen Galerien lohnt sich also immer.

Typisch für van Gogh ist sein Umgang mit lebendigen Linien. Versuchen Sie es auch einmal wie in meinem Beispiel unten: Zusammensetzung, Häufung und Druckstärke der Linien ergeben die Bewegung in einer Fläche. Links ein Versuch auf selbst getöntem Untergrund.

Vincent van Gogh, Kornfeld mit Zypressen

## Vincent van Gogh 1853–1890

Mit Zeichnen begann der holländische Maler van Gogh seine künstlerische Laufbahn, und es blieb auch zeit seines Lebens eine wichtige Technik für ihn. Mit vielen bewegten, unterschiedlichen Linien gelangen ihm in seinen Zeichnungen ungewöhnliche Darstellungen. Zur Ölmalerei kam van Gogh erst Jahre später auf Drängen seines Bruders, und viele seiner Ölbilder erinnern sogar im Stil an Zeichnungen. Mit vielen einzelnen Pinselstrichen bringt er Lebendigkeit und Bewegung in seine Landschaften. Bei „La Crau, gesehen vom Montmajour“ (oben links) handelt es sich um eine Federzeichnung mit Sepia und Siena auf verwischter Kohle. Das Papier selbst zu tönen, war früher eine verbreitete Art der Grundierung (einige Beispiele dazu finden Sie auf Seite 58). So hat van Gogh hier den Untergrund wie auf meinem Beispiel (Mitte) mit Kohle behandelt und dann mit brauner Tusche darübergezeichnet. In der Komposition finden Sie vieles von dem wieder, was wir schon besprochen haben. Straße und sich verjüngende Flächen verleihen dem Bild Tiefe, ebenso die Wiesen, die im Vordergrund mit größeren Strukturen beginnen und nach hinten in Punkte übergehen. Die gleiche Arbeitsweise können Sie auch bei dem „Kornfeld mit Zypressen und blühendem Baum" (unten links) sehr gut beobachten. Der Baum wirkt monumental und scheint in den Himmel zu wachsen, in dem sich die Bewegung des Kornfelds wiederholt.

## Jean-Baptiste-Camille Corot 1796–1873

Der französische Landschafts- und Porträtmaler Corot nahm es mit den Skizzen für seine Bilder sehr genau. Obwohl Stimmungen in seinen Gemälden eine hervorstechende Rolle spielten, hielt er seine Studien zuerst in vielen Skizzen fest. So ist überliefert, daß seine bekanntesten Bilder „Das Forum" und „Das Kolosseum" nach 30 Arbeitssitzungen am gleichen Motiv entstanden sind. Die Liebe zum Detail erkennen Sie unschwer auch an der Zeichnung rechts, „Landschaft". Die Bäume sind genau beobachtet und werden von Licht und Schatten geformt. Die Chinesen sagen: „Wenn du einen Baum zeichnest, mußt du das Gefühl haben, mit ihm zu wachsen, beginnend am Boden mit ihm zusammenzuwachsen." Genau das scheint man bei dieser Zeichnung nachvollziehen zu können, da die Bäume vom Stamm ausgehend geformt werden. Doch auch die Wichtigkeit der negativen Flächen für die Baumformen wird hier deutlich. Ich habe Sie im Bild rechts unten hervorgehoben. Die Flächen halten und ergänzen sich gegenseitig und sind sorgfältig und bewußt geplant.

Bild rechts oben:
Jean-Baptiste-Camille Corot, Landschaft

# Tips und Experimente

Wenn Sie – wie viele Künstler früher – Ihr Papier selbst grundieren oder tönen wollen, stehen Ihnen dafür mehrere Möglichkeiten zur Verfügung. Zum Verwischen von Kohle, wie van Gogh es gemacht hat, gehört einige Übung, damit nicht ungewollte Flecken oder unnötig verschmierte Stellen entstehen. Doch mit etwas Geduld können Sie interessante Tönungen herausarbeiten. Zu empfehlen ist rauhes Papier, da auf diesem die Farbteilchen besser haften als auf glattem, hartem Papier. Pastellkreiden eignen sich besonders gut, da sie zart in den Farben sind und sich leicht auftragen lassen. Dazu schaben Sie mit einem Messer etwas von der Kreide ab und verreiben diesen Kreidestaub mit einem weichen Papiertuch (Beispiel ganz links).
Um bräunliche, vergilbt und somit alt wirkende Untergründe zu schaffen, können Sie gebrauchte Teebeutel verwenden (oben links). Der in warmem Wasser gut durchgeweichte Teebeutel wird einfach auf dem rauhen Papier hin und her gerieben. Je nach Größe der zu bearbeitenden Fläche, der Teeart und dem gewünschten Dunkelheitsgrad brauchen Sie natürlich entsprechend mehr oder weniger Teebeutel.

Manchmal macht es Spaß, einfach zu experimentieren, mit verschiedenen Materialien zu spielen und der Phantasie freien Lauf zu lassen, ohne ein genaues Thema vor Augen zu haben. Die Struktur oben entstand aus ölhaltigen Farben, die in Wasser geträufelt wurden. Das Papier wird dann durch die auf der Wasseroberfläche entstehenden farbigen Schlieren gezogen, die auf dem Papier haften. Man kann das Papier auch einfach auf die farbige Wasseroberfläche legen und so die Farben aufnehmen.

Die ungewöhnlichen Formen, die in solchen Strukturen erkennbar sind, regen zu allen möglichen Motiven an. Ich sah darin eine Felsformation. So habe ich eine Kirche auf deren Gipfel gezeichnet und mit brauner Tusche und ein paar Farbstiftstrichen das Motiv verdeutlicht. Sicher kann man in der Stuktur auch ganz andere Motive entdecken, probieren Sie es durch Betrachten von verschiedenen Seiten aus. (Die ölhaltigen Farben übrigens gibt es in Hobby- und Bastelgeschäften als Marmorierfarben zu kaufen, aber auch Druckfarben eignen sich dazu.)

Auch in anderen Strukturen, die z. B. durch die Abklatschtechnik mit verdünnten Farben oder Tuschen entstehen, lassen sich Formen und Motive finden. Was würden Sie aus dem Klecks links unten machen?

Eine interessante Anregung können Collagen sein. Viele Künstler der Pop Art, aber auch schon Pablo Picasso, haben sich damit beschäftigt. Picasso z. B. verwendete manchmal seine Collagen als Motiv und zeichnete die von ihm gestaltete Collage ab. Das können Sie auch. Nehmen wir das Bild unten. Ich habe diese Landschaft aus Prospekten ausgeschnitten: Farbige Vorhangstoffe und etwas holländischer Käse für den Vordergrund, eine Ananas, ein Schrank, ein Hochhaus und ein Metermaß für den Hintergrund – schon ist eine ungewöhnliche Landschaft entstanden. Mit Kreide und Farbstiften habe ich sie dann vervollständigt. Zeichnen Sie doch zur Übung dieses Motiv ab und ergänzen oder verändern Sie es nach Ihren Vorstellungen.

Ein bißchen zu kurz gekommen sind bisher Filz- und Faserstifte. Da die Art der Linien durch die starre Form der Stifte mehr oder weniger vorgegeben ist, scheinen sie nicht so variabel zu sein wie andere Materialien. Benutzt man jedoch verschiedene Stifte zusammen in einem Bild, können sehr lebendige Zeichnungen entstehen. In dem Bild links oben habe ich zu den dicken und dünnen Stiften noch einen Filzstift in Pinselform verwendet, der variationsreicher, also einem Pinsel ähnlicher ist. Das Papier ist ziemlich saugfähig, die Farben trocknen sofort und verlaufen nicht ineinander; daher sind die einzelnen Striche deutlich zu sehen. Die Zeichnung unten dagegen, auf gleichem Papier gearbeitet, lebt von den Flächen. Auch für diese eher grafische Komposition eignen sich die Stifte gut, deren breite Linien den Vordergrund betonen, die feinen dagegen im Hintergrund verlaufen.

*Nicht nur zum Skizzieren, sondern auch für interessante Kombinationen und Experimente lassen sich Filz- und Faserstifte verwenden. Verschiedene Stricharten ergeben oben eine Pflanzenkombination, negative und positive Flächen bestimmen das eher grafische Bild unten. Rechts eine Kombination von Filz- und Farbstiften.*

Spaß am Ausprobieren fördert die Kreativität und ist ein wichtiger Bestandteil der freien Zeichnung. Zur Anregung zeige ich Ihnen hier noch ein paar Experimente, ebenfalls mit Filzstiften und Markern. Manches läßt sich zur Hintergrundgestaltung verwenden, aber auch zum schnellen Skizzieren oder einfach zum spielerischen Entwerfen von Kompositionen.

Bei dem Baum oben bildet ein breiter Filzstift die Basis der Baumkrone. Beim Darüberzeichnen mit Farbstiften verändern sich die Farben, neue Nuancen entstehen, und sensible Ausarbeitung wird möglich.

Wie in der Aquarellmalerei lassen sich auch bei wasserlöslichen Filzstiften weiße Flächen gut planen, indem man sie mit Wachs oder Rubbelkrepp (Fixogum) zuerst auf das weiße Papier zeichnet. Hier habe ich die weiße Form mit Fixogum angelegt. Nach dem Trocknen des Klebers bin ich mit Filzstiften darübergegangen und habe nach dem Trocknen der Filzstifte den Kleber abgerubbelt – die weiße Form kommt wieder zum Vorschein.
Nicht wasserlösliche Filzstifte reagieren abweisend auf verschiedene Chemikalien, und dadurch entstehen interessante Strukturen. Die Stifte unten wurden auf sehr hartem, glattem Papier aufgetragen. Durch das Sprühen von Fixativ ergeben sich die vielen kleinen Pünktchen. Die gelben Punkte habe ich mit Hilfe von Tubendeckeln aufgedruckt, die verlaufenden Linien zuletzt mit Schablonen hineingewischt. Während bei Fixativ eher kleine Spritzer entstehen, bewirkt Feuerzeugbenzin (Mitte), daß große Flecken mit dichter Umrandung erscheinen. Ähnlich den Strukturen auf Seite 58 kann man auch bei diesen Experimenten Formen entdecken, die sich aufnehmen und weiterverarbeiten lassen.

*Technische Kombinationen: Oben Rubbelkrepp mit Filzstift übermalt, es bleiben nach dem Abrubbeln weiße Linien erhalten. Links und unten: Nicht wasserlösliche Filzstifte reagieren auf verschiedene Chemikalien: mit großen Punkten auf Feuerzeugbenzin, mit kleinen Punkten auf das Besprühen mit Fixativ.*

# Glossar

**Abstraktion:**
Im allgemeinen Sprachgebrauch bedeutet Abstraktion meist eine Vereinfachung, Verfremdung oder aber die Reduzierung eines Gegenstandes oder einer Sache auf die wesentlichen Bestandteile. In der Kunstgeschichte ist die abstrakte Kunst eine stilweisende Tendenz des 20. Jahrhunderts, die der Lösung vom Gegenständlichen und dessen Abbildung gleichkommt. Statt der genauen, naturgetreuen Wiedergabe eines Motivs wurde das Zusammenspiel von Farbe und Formen gesetzt. Das erste abstrakte Bild wurde 1910 von Wassily Kandinsky gemalt.

**Barock:**
Europäischer Stil zwischen 1600 und 1750. Die Zeit des Barock brachte die künstlerischen Formen sowohl in der Architektur als auch in der Malerei und der Skulptur in Bewegung. Das Moment der Dynamik, der Pracht, des Pathos und vor allem das Spiel mit Raum- und Lichtwirkung prägten die Kunst dieser Epoche. Ein weiteres entscheidendes Merkmal war die Aufhebung der Gattungsgrenzen, was die Barockkunst zum Gesamtkunstwerk werden ließ.

**Bleistift:**
Der Bleistift setzt sich zusammen aus einer Graphitmine und einem Holzmantel, am besten geeignet ist Zedernholz. Die Herstellung erfolgt heute in einem mehrstufigen industriellen Verfahren. Das Altertum und das Mittelalter kannten den Bleistift noch nicht, sondern arbeiteten mit Silberspitzen. Graphit wurde – noch in Rohform – zum ersten Mal um 1500 in England verwendet, und nur wenig später entwikkelte man auch die ersten Holzmäntel.

**Eigenschatten:**
Jeder Körper besitzt einen Eigenschatten, der stets heller ist als der Schlagschatten. Dieser Eigenschatten gibt dem Gegenstand seine Form und Plastizität.

**Expressionismus:**
Künstlerische Bewegung im frühen 20. Jahrhundert, die sich bewußt gegen die Anschauungen des Impressionismus wandte. Es galt, nicht das rein Wahrnehmbare festzuhalten, sondern das seelisch Erfahrbare zum Ausdruck zu bringen, weswegen man auch von Ausdruckskunst spricht. Die Expressionisten experimentierten mit unterschiedlichen Techniken und verhalfen der Grafik, der Zeichnung und dem Holzschnitt zu einer neue Bedeutung. Sie suchten zum einen die Ausdruckskraft in der reinen Farbe, zum anderen war ihnen die Gestaltung mit kräftigen Linien und klaren Umrissen besonders wichtig.

**Heroische Landschaft:**
Landschaftstypus in der Kunst, der im 17. und 18. Jahrhundert entstanden ist und Landschaft mit biblischen und mythologischen Szenen verbindet, wobei die Landschaft das Entscheidende bleibt. Im 19. Jahrhundert kam dieser Typus nochmals auf und beinhaltet dann auch einen dramatischen Aspekt der Landschaft.

**Impressionismus:**
Stilrichtung, die zwischen 1860 und 1870 in Frankreich aufkam. Der Begriff geht auf ein Bild von Claude Monet zurück, einer Landschaftsdarstellung mit dem Namen „Impression, soleil levant" („Eindruck – Aufgehende Sonne"). Im Mittelpunkt des Interesses standen klare und helle Licht- und Farbeindrücke, die im Gegensatz zur Ateliermalerei nun auch im Freien beobachtet wurden, was den Impressionismus auch zur „Freilichtmalerei" werden läßt. Die Landschaftsmalerei war eines der Hauptthemen. Im Bereich der Grafik waren es vor allem Pastelle, in denen die Impressionisten den für ihre Kunst typischen flüchtigen Eindruck, das Stimmungshafte, die Impression wiedergeben konnten.

**Kalte Farben:**
Farben, die dem Blau und dem Grün nahestehen. Kalte Farben treten in einem Bild in den Hintergrund. Durch die dazwischenliegenden Luftschichten werden weit entfernt liegende Gegenstände bläulich empfunden.

**Kohle:**
Die Zeichenkohle, die aus Holzkohle hergestellt wird, ist eines der ältesten Zeichenmittel. Erst im 15. Jahrhundert entdeckte man technische Möglichkeiten, ihren Auftrag zu fixieren.

**Negative Flächen:**
„Leere" Räume zwischen den einzelnen Objekten des Motivs oder zwischen Rand und Motiv.

**Perspektive:**
Mathematisch-geometrische Methode, Dreidimensionales und Räumliches auf einer zweidimensionalen Fläche darzustellen. Man unterscheidet zwischen der Zentralperspektive, der Zweipunkt- und der Dreipunktperspektive (siehe auch Luftperspektive).

**Luftperspektive:**
In der Natur erscheinen die in der Ferne liegenden Gegenstände durch die zwischen Betrachter und Gegenstand liegenden Luftschichten heller und bläulicher. Bei der im Bild angewandten Luftperspektive wird durch den Einsatz von warmen und kalten Farben der Eindruck von Tiefe erzeugt. Die kalten und hellen Farben treten in den Hintergrund, die warmen und dunkleren Farben in den Vordergrund.

**Plastizität:**
Als plastisch werden in jeder Kunstgattung alle körperhaften, nicht flächig wirkenden Formen bezeichnet. Ein Maler und Zeichner kann durch unterschiedliche Techniken, durch Schatten, durch Farbe oder durch Schraffur die Illusion von Räumlichkeit und Körperlichkeit auf einer zweidimensionalen Fläche bewirken.

**Positive Flächen:**
Objektflächen, bzw. Formen auf dem Papier. Negative und positive Flächen bedingen sich immer gegenseitig.

**Renaissance:**
Die Renaissance, die die Wiedergeburt (rinascità = Wiedergeburt) des klassischen Altertums bedeutet, entstand in Italien in der Mitte des 15. Jahrhunderts, um sich dann auch nördlich der Alpen zu entwikkeln. Wissenschaftliches Interesse am menschlichen Körper, an der Natur und vor allem an der Perspektive, zumeist mit dem Bemühen um realitätsnahere Abbildung, waren die Hauptanliegen. Die Zeichnung wurde in der Renaissance zu einem Pflichtfach an den Akademien und somit zu einem wichtigen Bestandteil der Kunst.

**Schlagschatten:**
Schatten, den jeder Körper durch Lichteinfluß wirft. Daher ist die Darstellung des Schlagschattens vom Stand und der Richtung der einfallenden Lichtquelle abhängig und gibt so auch die Position des jeweiligen Gegenstandes an.

**Tonwert:**
Grad der Dunkelheit oder Helligkeit einer Farbe bzw. eines Farbtons, der sich nach dem Sättigungsgrad und der Dunkelstufe der Farbgebung richtet. Diese Tonwerte sind für die Anwendung der Luftperspektive wichtig.

**Wachskreide:**
Pigmente, die mit künstlichen Wachsformen gebunden und in Stiftform gepreßt werden. Die Wachskreide bietet vielfältigere Möglichkeiten als z. B. die Pastellkreide und benötigt vor allen Dingen keine Fixierung.

**Warme Farben:**
Stehen dem Rot und dem Gelb nahe und werden im allgemeinen als warm empfunden. Warme Farben scheinen im Bild auf den Betrachter zuzukommen.

# Register



## Bildnachweis

Rembrandt, Bauernhütten unter Bäumen (Seite 6): Staatliche Museen zu Berlin, Preußischer Kulturbesitz, Kupferstichkabinett / Foto: Jörg P. Anders
Paul Cézanne, Felsiger Hang mit Bäumen (Seite 7), und Claude Monet, Waterloo Brücke (Seite 7): Von der Heydt-Museum, Wuppertal
Ernst Ludwig Kirchner, Landschaft mit Heuhütte (Seite 7): Von der Heydt-Museum, Wuppertal / © by Dr. Wolfgang & Ingeborg Henze-Ketterer, Wichtrach / Bern
Albrecht Altdorfer, Donaulandschaft bei Sarnigstein (Seite 6): Seépmüvészeti Múzeum, Budapest
Vincent van Gogh, Kornfeld mit Zypressen, F 1538 (Seite 56): Vincent van Gogh Foundation / van Gogh Museum, Amsterdam
Vincent van Gogh, La Crau, gesehen vom Mont-major (Seite 56): The British Museum, London
Jean-Baptiste-Camille Corot, Landschaft (Seite 57): Louvre, Cabinet des Dessins, Paris / © Photo R.M.N.
Seite 8 / 9: Ernst Fesseler

## Literaturempfehlungen


**Zeichnen**
*Bagnall, B. u. U., Hille, A.:* Zeichnen – einfach anfangen. Art Academy. Ravensburger Buchverlag, Ravensburg 1995.

**Perspektive**
*Rotgans, H.:* Räumliches Zeichnen. Ravensburger Buchverlag, Ravensburg 1994, 6. Auflage.
*Striegel, O.:* Perspektive. Ravensburger Buchverlag, Ravensburg, 1993.

**Andere Techniken**
*Bagnall, B. u. U., Hille, A.:* Ölmalerei. Landschaften, Berge, Felder, Wiesen. Ravensburger Buchverlag, Ravensburg 1994.
*Bagnall, B. u. U., Hille, A.:* Aquarell. Landschaft bei Wind und Wetter. Ravensburger Buchverlag, Ravensburg 1992.
*Bagnall, B. u. U., Hille, A.:* Aquarell. Häuser in Stadt und Land. Ravensburger Buchverlag, Ravensburg 1992.
*Groß, K.:* Südliche Landschaften in Aquarell. Ravensburger Buchverlag, Ravensburg, 1994.

Art Academy

# Neue Malschule: ART ACADEMY

Brian und Ursula Bagnall/
Astrid Hille (Hrsg.)
**Landschaften, Berge, Felder, Wiesen**
Landschaften mit Ölfarbe malen – dieses Buch bietet Übungen, Techniken und Beispiele.
ISBN 3-473-**48260**-9

Bagnall/Hille
**Zeichnen einfach anfangen**
Zeichnen macht Spaß, Zeichnen kann man lernen. Das Buch zeigt, wie man Stifte und Materialien einsetzen und mit verschiedenen Techniken von der Skizze zur ausdrucksvollen Zeichnung kommen kann.
ISBN 3-473-**48262**-5

Bagnall/Hille
**Anfangen mit Aquarell**
Ein faszinierender Einstieg in die Aquarellmalerei. Künstler führen Schritt für Schritt in die Grundtechniken ein.
ISBN 3-473-**48254**-4

Bagnall/Hille
**Landschaft bei Wind und Wetter**
Ferne Berge, spiegelnde Flüsse und südliche Plätze aquarellieren. Beispiele regen zum Üben und Malen an.
ISBN 3-473-**48255**-2

Bagnall/Hille
**Häuser in Stadt und Land**
Häuser, Städte und Plätze laden ein zum Spiel mit Farbe, Perspektive und Schatten. Übungen, Techniken, Beispiele.
ISBN 3-473-**48257**-5

Bagnall/Hille
**Menschen Porträt, Figur, Akt**
Gesichter porträtieren, Proportionen erfassen – Lernen Sie, Menschen mit Ölfarben zu malen.
ISBN 3-473-**48261**-7

Bagnall/Hille
**Stilleben malerischer Alltag**
Lernen Sie, ausdrucksvolle Kompositionen zu gestalten und mit Ölfarben zu malen.
ISBN 3-473-**48259**-5

Bagnall/Hille
**Stilleben laut und leise**
Nicht nur Vasen und Äpfel! Künstler arrangieren und malen interessante Stilleben zum Üben und Ausprobieren.
ISBN 3-473-**48256**-0

Bagnall/Hille
**Ölmalerei einfach anfangen.**
Entdecken und erlernen Sie die vielseitigen Techniken der Ölmalerei.
ISBN 3-473-**48258**-7